東大の入試問題で
「数学的センス」
MATHEMATICAL SENSE
が身につく

時田啓光 TOKITA HIROMITSU

日本実業出版社

は じ め に

　本書を手に取った皆さんは**「東大の数学入試問題」**と聞いて、どのようなイメージを持ちますか？

「生理的にムリ」
「生まれつきかしこい人だけが解ける」

こんな感じでしょうか。
　もしかしたら、「楽勝だ」とか「解いていて楽しい」とか言える人も、中にはいるかもしれません。でも、少数派でしょう。
　そういう人は別として、断言します。**「東大の数学入試問題はむずかしい」と思っている人の 90% 以上が、実はこれまで一度も入試問題を見たことがない**、と。
　実際、「東大に入るなんて無理！」と言う私の生徒や保護者の方に入試問題を見たことがあるのか、たびたび尋ねてみましたが、「この目で見た」と答えた人は、1 人としていませんでした。自分の目で見たこともないのに、なぜむずかしいと思い込んでしまうのでしょうか？

　大学入試にはまだまだ縁遠い小学生でも、東大の数学入試問題はむずかしいと思っています。
　考えられる理由は、次のようなものかもしれません。

「周りの人のウワサ」
「クイズ番組で、東大出身者の正解率が高い」

「模試の偏差値が高い」

　もちろん、他にも理由は考えられますが、ここで私が声を大にして言いたいことがあります。それは、日頃抱えている課題について「むずかしい」とか「無理」とか勝手に思い込み、**自分の可能性を自ら潰すようなことはやめませんか？**　ということです。

　東大の数学入試問題を題材に、私は皆さんの可能性を広げるきっかけをつくりたいと思います。
　ですから、本書で取り上げるのは「素晴らしい解き方」だけではありません。頭の上手な使い方を知っていただくために、**「考え方のプロセス」**を１つずつ詳しく説明しています。
　私はこれまで８年以上にわたって、塾や学校などで延べ1200人以上の受験生を指導してきました。その中には、高校の数学の模試で全国１位になった生徒もいます。また、数学が大嫌いで試験の点数が４点だった生徒が数学好きに変身して、大学の数学科に進学したという例もあります。
　本書を読めば、きっと変われます！

　では、東大の数学入試問題は、本当は簡単なのでしょうか？
　答えは「NO」です。たしかに、むずかしい。
　でも、「やっぱり……」とあきらめないでください。天才でないと解けないわけではありません。
　むずかしいと感じるのは、**「考え方を知らなかった」**だけだからです。本書を読めば皆さんも、そのことに気づくはずです。
　問題の中には、小学２年生でも知っている内容もあります。

数学が苦手な人も、解答に至ることは不可能ではありません。
　最初のスタートは、「東大は、入試でこんなことを質問しているんだ」ということを知ることです。
　「え？　こんなことを質問するの？」「あ〜、これ見たことある！」など、意外な発見や気づきが得られるでしょう。

　言い忘れていましたが、東大の数学入試問題は、受験生だけに役立つものではありません。
　高校・大学を卒業した大人の方も、東大の数学入試問題を解くことで、ふだんの生活や仕事に役立てられるようになります。おもしろくてワクワクする毎日に変わっていきます。
　想像してみてください。もし、**東大のむずかしい数学入試問題を自分の力で解くことができたら……。**
　いままで自分には無理だ、と思っていた課題もクリアできるようになるかもしれません。
　私は本書を読んだ皆さんに、そういう思考ができるようになっていただきたいのです。この本が、「な〜んだ、思っていたよりもたいしたことないじゃないか。悩んでいたのがバカみたいだ」と言える人を増やすことにつながれば幸いです。

2015年3月

　　　　　　　　　　　　　　　　　　　　　　　　　時田啓光

Contents

東大の入試問題で「数学的センス」が身につく

はじめに
本書の使い方 ……………………………………………… 008

第1章
複雑な物事をシンプルにする「分解力」の問題

GUIDANCE
　東大が求めている「分解力」とは何か？ ……………… 012

第1時限 崩さずに分けると目的がはっきりする ………… 018
　　　　　「数の性質」と「因数分解」に気づけ！ …… 019
　　　　　ルールを見つけて「分解」する …… 023

第2時限 「全部」のことは「一部」でわかる!? ………… 026
　　　　　無視する範囲と注意する範囲を区別する …… 027
　　　　　思い込みという"盲点"に気づこう …… 032

第3時限 多くの情報の中から"主役"を決める ………… 035
　　　　　たくさん並んだ数字や記号から比較する …… 036
　　　　　大きさや数は実例で比較する …… 041

第4時限 複雑なカタチは知っているカタチに直す ……… 044
　　　　　繰り返しには規則がひそんでいる …… 046
　　　　　崩す＝×、分けて考える＝○ …… 054

第2章
柔軟な発想で解決策を見出す「想定力」の問題

GUIDANCE
東大が求めている「想定力」とは何か？ ……………… 058

第5時限 未来を推理するには確率を使うといい ………… 064
手作業で規則性を探す……… 065
手を動かせば「推理力」が高まる……… 069

第6時限 割り切るか、割り切らないかが問題！ ………… 072
与えられた条件を"見える化"する……… 073
まず、2択で考えることが必要……… 078

第7時限 成功確率を高めるとっておきの方法 …………… 081
期待値の計算は想定力の結晶……… 083
期待値を上げたければ、まず敵を知ること……… 090

第8時限 課題に合わせて最適化するためには？ ………… 093
考える範囲を狭めれば、解法が見える……… 095
最適化とは妥協することではない……… 099

第3章
全員を納得させる説明をする「論証力」の問題

GUIDANCE
東大が求めている「論証力」とは何か？ …………………… 104

第9時限 反論を避けることは不可能である ……………… 110
「矛盾」は証明で使える …… 111
論証で必要なのは、反論を想定する力 …… 116

第10時限 「こっちが正しい」と言い切るためには？ ……… 119
断定するには、情報収集と整理が重要 …… 120
正しいと言い切れるまでやり抜く …… 126

第11時限 当たり前のこともう一度見直してみる ……… 129
2次方程式の基本ルールを見直す …… 130
単位は揃っているとは限らない！ …… 135

第12時限 論述の型（パターン）はすでに決まっている …… 138
最初は小さな数字から考える …… 139
論述のために必要な4つの構成 …… 144

Contents

第4章
現象に囚われず本質を見破る「批判力」の問題

GUIDANCE
東大が求めている「批判力」とは何か?⋯⋯⋯⋯⋯⋯⋯⋯148

第13時限 ニュースの裏に隠されたメッセージは?⋯⋯⋯⋯153
　　　連立方程式は図解して考える⋯⋯155
　　　智恵を育てるニュースの見方⋯⋯159

第14時限 不明瞭なモノを"見える化"する⋯⋯⋯⋯⋯⋯⋯162
　　　2つの1次関数から見える2つの量⋯⋯164
　　　最大値と最小値で範囲が見える⋯⋯169

第15時限 「わかっているつもり」から抜け出す秘策⋯⋯⋯172
　　　円はそのままでは測れない⋯⋯173
　　　「知っている」と「できる」の違い⋯⋯179

演習問題の解答⋯⋯⋯⋯⋯⋯⋯⋯⋯⋯⋯⋯⋯⋯⋯⋯⋯⋯⋯182

おわりに

カバーデザイン／冨澤崇（EBranch）
本文デザインDTP／ムーブ（新田由起子、徳永裕美）
編集協力／佐藤弘文（さとう編集工房）
校正協力／小山拓輝
企画協力／ネクストサービス

本書の使い方

■ 東大が求めている「4つの力」

実は、東大の数学入試問題を解くうえで求められている力は、次の4つに集約されます。

1 分解力
2 想定力
3 論証力
4 批判力

ここに示した4つの力は、次のような"知的欲求"のゴールに導いてくれます。

1 「分解力」を身につけて、**シンプルに物事を考えられる人になりたい**（→第1章）
2 「想定力」を身につけて、**段取り上手・先読みできる人になりたい**（→第2章）
3 「論証力」を身につけて、**信頼される説明ができる人になりたい**（→第3章）
4 「批判力」を身につけて、**情報の本質を捉えられる人になりたい**（→第4章）

■ 本書の構成

「分解力」「想定力」「論証力」「批判力」という4つの力の中で、とくに自分が身につけたい力があれば、それぞれ該当する章からスタートしてもいいでしょう。

本書は、数学のレベルでいえば、中学生でも読んで理解できる構成になっていて、どこから始めても抵抗なく取り組めるようになっています。必要なところだけ拾い読みしてもいいですし、パラパラめくって目についたところだけ読んでもいいでしょう。

気になったところから考え始める。興味を持ったら行動してみる。それが"学び"になります。

各章の節（第1～15時限）は、次のような構成になっています。なお、各章の最初に「GUIDANCE」として、その章の概略を示しています。入試問題を解く前に読んで、その章の全体像をつかんでください。

(1)問題

東大の入試で実際に出題された数学の問題です。なお、問題の一部を改変している場合があります。

▼

(2)解法のステップ

入試問題を解くうえでの重要ポイントを【STEP1】～【STEP3】（または【STEP4】）と表記しています。「解答」や「解説」を読む前に、ここで考える流れをつかみましょう。数学が得意な人は、こ

の部分を参考にして、入試問題を解いてみてもいいでしょう。

▼

(3) 解答

入試問題の模範解答です。ここで理解できなくても、安心してください。次の「解説」ページで【STEP】ごとに詳しく説明しているので、最初はざっと"斜め読み"するだけでも構いません。「解説」を読んだ後で読むと、理解はさらに深まります。

▼

(4) 解説

入試問題を解くうえで欠かせない数学の知識を【STEP】ごとに解説します。東大はどんな学力を求めているのか、出題の意図・背景を知ることができます。

▼

(5) 数学的な考え方

なぜ「○○力」が必要か、それがふだんの生活や仕事にどう役立つかを紹介します。「数学が苦手だけど……」という人は、このページから読むことをおすすめします。

▼

(6) 演習問題

最後に、学んだことを身につけるための仕上げとして、演習問題を掲載しています。この問題の解答（例）は、巻末にまとめてあります。

ふだん目にする数学の枠を超えた**「日常から考える数学」**で、考える力を伸ばしていきましょう。

それではスタートです！

第 1 章

複雑な物事をシンプルにする
「分解力」の問題

GUIDANCE

東大が求めている「分解力」とは何か？

■ 複雑な物事をシンプルにするために

複雑な物事をシンプルにする——。数学で身につく力の1つです。

文章にしても、話を聞くにしても、人によって考え方が異なるので、相手の主張を一度にすべて理解するのは困難を極めます。

しかし、1つひとつの表現を噛み砕いて、それぞれが何を意味しているかを押さえていけば、全体像を判断できます。「できる人」は、たいていこの**分解力**が優れています。

次の例で考えてみましょう。

たとえば、「1から15までの整数の中で3の倍数になるものはいくつあるか?」という問題があったとします。

　数学が得意な人はすぐできると思いますが、この文章を分解して考えてみましょう。

　まず「**整数**」とは、…, -4, -3, -2, -1, 0, 1, 2, 3, 4,…などの数字のことです。さらにいうと、ここで気づいてほしいのが「……**中で**」という表現です。これは範囲を示しています。つまり、考える範囲は、

1から15までの整数
　　= 1, 2, 3, 4, 5, 6, 7, 8, 9, 10, 11, 12, 13, 14, 15

ということになります。考えなければならない範囲がわかると安心できます。

　次に「**3の倍数**」です。これは、3, 6, 9, 12,…という、「九九」でいうと3の段の数のことです(厳密にいえば、0や-3, -6なども3の倍数ですが、ここでは範囲を外れているので、考える対象には入れません)。この3の倍数を数学の表現で示すと、

3の倍数＝3×(整数)

となります。以上から、「1から15までの整数」の中で「3の倍数」になるのは、

3(＝3×1), 6(＝3×2), 9(＝3×3),
12(＝3×4), 15(＝3×5)

と並びます。

最後に「いくつあるか？」と聞いていますから、**正解は見つけた3の倍数の個数**です。数えるだけで答えは出ますね。

この問題なら5つと即答できる人も多いかもしれませんが、これが1から1000までの整数だったらどうですか？　少し複雑になりますが、先ほどと同じように1つひとつ分解していくと解けるはずです。

■ まずこれを解いてみよう

【例題】
　1から1000までの整数の中で3の倍数になるものはいくつあるか？

先ほどのやり方を参考に少し考えてみましょう。同様に、3の倍数を1000に近い数まで計算してみると、

$3(= 3 \times 1), 6(= 3 \times 2), \cdots, 996(= 3 \times 332),$
$999(= 3 \times 333), 1002(= 3 \times 334)$

となります。範囲が1から1000までの数なので、3の倍数で一番大きな数は**999**だとわかります。

しかし、ここまで範囲が広がると、すぐには個数がわかりません（わかる人はわかると思いますが）。

注目したいのは、$3 \times 1, 3 \times 2, \cdots, 3 \times 333$ の表現、とくに「**×の右側の数字**」です。3の倍数が1から333まで並んでいることが

わかります。つまり、3の倍数を1から333まで数えるので、**正解は333個**ということになります。

■ 分解すると解決の糸口が見つかる

この例のように、簡単な問題から分解する方法を知ると、複雑な問題でも同じように考えれば解答できるようになります。

東大の入試問題は、複雑で手を出しにくい印象を持たれがちですが、1つひとつの言葉に着目してみると、予想を裏切る発見があります。

先日、小学2年生に東大の入試問題を見せたら、「これ知ってる！ 昨日習ったもん、正方形ってこういう形でしょ？」と叫びました。彼は、東大が大学であることすらわかっていませんでしたが、それでも理解できる言葉がいくつもあるので喜んでいました。

何事においても、ひと目見て「無理だ」「できない」と最初から思い込むのではなく、**分解して考えてみると、解決の糸口は意外とあっさり見つかる**ものです。

■ この言葉をきちんと説明できますか？

では、実際に東大が求める分解力とはどんなものか、本章を始める前にまずお読みください。

「奇数」「割り切れる」「100の位」「$a \geq b$」を眺めると、「あれ見たことあるぞ？ 知ってるぞ！」と中学生でも感じると思います。これらは本書にある問題から抜粋した言葉です。

見たことはあるけれど、あなたはこれらの言葉をきちんと説明で

第1章 複雑な物事をシンプルにする「分解力」の問題

きますか？

こう質問すると、途端に不安になって焦り出す人が続出します。

それぞれの節でも解説しますが、まずは先ほどの言葉を簡単に紹介しましょう（ここでの説明は厳密なものではなく、まずイメージを持ってもらうために記載しています）。

①「奇数」の意味

皆さんにとって一番身近な数が「1, 2, 3, 4, 5, 6, 7, 8, …」だと思います。この中で、「1, 3, 5, 7, …」という数が**奇数**です。そして、「2, 4, 6, 8, …」という数が**偶数**です。

②「割り切れる」の意味

6 ÷ 2 = 3、15 ÷ 3 = 5 など、割り算をして、答えが「1, 2, 3, 4, 5, …」という数になる場合を「**割り切れる**」といいます。6 ÷ 5 = 1 余り 1、15 ÷ 4 = 3 余り 3 のように余りが出る場合を「**割り切れない**」といいます。

③「100 の位」の意味

345 という数は、「三百四十五（さんびゃくよんじゅうご）」と読みます。345 の 3 つの数字の中で数字の 3 を知りたい場合、「**100 の位の数**」という言葉が使えます。同じように 10 の位の数字は 4 で、1 の位の数字は 5 です。

このように、それぞれの位置を指す言葉を「〇の位の数」といい、知りたい部分の数字だけ調べることができます。

④「$a \geqq b$」の意味

5 は 3 より大きい、これを数学では 5 ＞ 3 と表わします。そうす

ると、文字を使って $a > 3$ と表わした場合、a は3より大きな数（$a = 3$ にはならない）とわかります。たとえば、$a = 4$ や $a = 5.8$ などの数です。

続いて、$a \geq 3$ と表わした場合、これを数学では「a は3以上の数」という意味になります。この場合、$a = 3$ でもいいのです。

ここまでの説明から、「$a \geq b$」という表記は、「**a は b 以上の数**」という意味です。たとえば、$a = 4, b = 1$ や、$a = 12, b = 2$ などです。もちろん、$a = 3, b = 3$ も含まれます。

このように、言葉の意味を噛み砕く**分解力**は非常に重要です。この力を磨けば、国内外問わず、どんな困難な状況にあっても立ち向かえる人間へと成長できます。

その力を本章で学んでいきましょう。

第1時限

崩さずに分けると
目的がはっきりする

❓ 問　題

3以上9999以下の奇数 a で、$a^2 - a$ が10000で割り切れるものをすべて求めよ。

(2005年　文科前期　第2問、理科前期　第4問)

▶解法のステップ

【STEP1】因数分解できるものとできないものを考える

【STEP2】互いに素なものを考える

【STEP3】奇数と偶数を考える

【STEP4】奇数を変形して偶数にできるか？

「数の性質」と「因数分解」に気づけ！

解　答

$a^2 - a = a(a - 1)$、$10000 = 2^4 \cdot 5^4$ と因数分解でき、 —**STEP1**

　a、$a - 1$ は 1 違いの整数なので、互いに素である。
　よって、$a^2 - a$ は 10000 で割り切れるから、a と $a - 1$ の一方のみが素因数 2 を持ち、他方が素因数 5 を持つ。

STEP2

　さらに a は奇数なので、$5^4 = 625$ の倍数であり、
　$a - 1$ は偶数なので、$2^4 = 16$ の倍数である。……①

STEP3

　$3 \leqq a \leqq 9999$ より、$a = 625n$ $(n = 1, 3, 5, 7, \cdots, 15)$

とおくことができて、

$$
\begin{aligned}
a - 1 &= 625n - 1 \\
&= (16 \cdot 39 + 1)n - 1 \\
&= 16 \cdot 39n + n - 1
\end{aligned}
$$

と表わせる。ここで①を満たすのは、$n = 1$ のみである。

STEP4

　よって、求める a は、**625**　【答】

解　説

　求めるのは「**割り切れる**」数字です。割り切れるか、割り切れないか。これは、小・中・高校のどの段階でも出題されるテーマです。つまり、それだけ重要視されているということです。

　6 ÷ 2 = 3　　　　　　これは割り切れる。
　6 ÷ 4 = 1 余り 2　　　これは割り切れない。

「割り切れる」と「割り切れない」、その違いは何でしょうか？
「そんなことをわかっていなくても計算できればいいじゃないか」と思う人もいるかもしれません。しかし、「『すべて』求めよ」と問題文にあるのは、「そんな計算マシーンでは困る！」という東大側の意思があるからです。

　小学生でもわかることを説明できるか？　問題文でそんなメッセージを伝えているのです。

　この問題では「**因数分解**」がカギになっています。数学でたびたび登場してくる重要な概念です。

【STEP1】因数分解できるものとできないものを考える

　因数分解とは、**共通な因数（数字、文字）を見つけて分解し、積の形で表わすこと**です。

例1 $12 = 4 \times 3 = 2^2 \times 3$

例2 $1000 = 10 \times 10 \times 10 = 10^3 = (2 \times 5)^3 = 2^3 \times 5^3$

例3 $a^2 - a = a(a - 1)$　　　【公式】$ab + ac = a(b + c)$

【STEP2】互いに素なものを考える

それ以上分解できない因数を「素因数」といいます。

例 $2, 3, a$ は分解できないので、素因数である。
反例 $6, a^2$ は、$6 = 2 \times 3$、$a^2 = a \times a$ と分解でき、素因数ではない。

また、2つの整数が 1 または −1 以外に共通な約数を持たないことを「互いに素」といいます。

例 2 と 5 は、共通な約数がないので、互いに素である。
反例 4 と 6 は、どちらも 2 の倍数なので、互いに素ではない。

【STEP3】奇数と偶数を考える

奇数は、**2 で割り切れない整数**（1, 3, 5, 7, 9, …）
偶数は、**2 で割り切れる整数**（0, 2, 4, 6, 8, 10, …）

【STEP4】奇数を変形して偶数にできるか？

奇数と偶数の違いは、2で割り切れるか、割り切れないかです。
整数の並びを見てみると、0, 1, 2, 3, 4, 5, 6, … という順番です。つまり、**偶数、奇数、偶数、奇数、偶数、奇数、偶数**という順番になっています。

奇数の1つ前は必ず偶数なので、

（奇数）− 1 =（偶数）

が成り立ちます。

奇数を2の倍数、4の倍数など、偶数に変形する方法は次のとおりです。

例1 17を偶数に変形してみる
$17 = 2 \cdot 8 + 1$ なので、$17 - 1 = 2 \cdot 8 + 1 - 1 = 2 \cdot 8$
2の倍数で表わせたから、$17 - 1$ は偶数です。

例2 $9n - 1$ を4の倍数に変形してみる
$9 = 4 \times 2 + 1$ なので、$9n - 1 = (4 \times 2 + 1)n - 1$
$\qquad\qquad\qquad\qquad\qquad = 4 \times 2n + (n - 1)$
ここで、$4 \times 2n$ は4の倍数です。
$(n - 1)$ が4の倍数であれば、$9n - 1$ は4の倍数です。
よって、$n - 1 = 0, 4, 8, 12, 16, \cdots$
つまり、$n = 1, 5, 9, 13, 17, \cdots$ のとき、$9n - 1$ は4の倍数。

同様にして、$625n - 1$ を16の倍数に変形してみます。
$625 = 16 \times 39 + 1$ なので、
$625n - 1 = (16 \times 39 + 1)n - 1$
$\qquad\qquad = 16 \times 39n + (n - 1)$
ここで、$16 \times 39n$ は16の倍数です。
$n - 1$ が16の倍数であれば、$625n - 1$ は16の倍数です。
つまり、$n - 1 = 0, 16, 32, \cdots$
よって、$n = 1, 17, 33, \cdots$ のとき、$625n - 1$ は16の倍数。
ここで、n は $1 \leqq n \leqq 15$ なので、$n = 1$ のときのみ。

ルールを見つけて「分解」する

 数学的な考え方

「分解する」ことが苦手な人は多いかもしれません（ただ壊すだけなら、誰でもできるかもしれませんが）。

分解とは**「グループに分けること」**です。つまり、物事を1つひとつ噛み砕く作業です。物事の意味するところを知るためには、調べる対象がどんな性質を持っているか、どんな意味を持っているかを調べる必要があります。「分解力」はこのとき必要になります。

そこでは、**自分勝手な分類ではいけません。**

たとえば、10人の中から「できる人」を2人選び出すなら、あなたはどういう方法をとりますか？　漠然と選ぶとうまくいかないのは、容易に想像できると思います。

そもそも、「できる」がどういう意味かを考えなければなりません。人によって、「**できる＝勉強ができる**」「**できる＝しゃべりが上手**」など、**認識が異なることがあります**。これではうまく人に伝わりません。

明確な判断をする際に、数学はたいへん便利です。曖昧（あいまい）な言葉を数値化したり、基準をつくれたりします。

「できる」という言葉も、数学を利用すると、「テストで80点以上」とか「英検2級以上」などと表現し直せるわけです。

このように、物事を1つひとつ噛み砕いて、相手が知りたい情報が何かを判断できる人を東大では求めています。

東大の入試問題は、知識の詰め込みや計算テクニックだけでは解

けないようにできているのです。

　分解すると、目的がはっきりするので、何をすべきかがはっきりします。重要なのは、**目的に合った部分が出てくれば、そこで作業を止めること**です。それは、**詳しくしすぎると目的を見失うから**です。

　材料が多すぎると判断しづらくなります。分解の目的は、次の1歩を踏み出すための対策を立てることなのです。

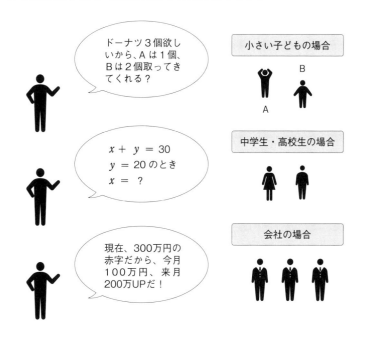

①誰の視点か？（立場によって言葉の使い方が違う）
②目的は何か？（What からではなく、Why から考える）
③説明できるか？（人に伝えることを意識して整理する）

演習問題

Q. あなたは、5個のパンを持っています。そこに7人の友だちがそのパンを求めてきました。あなたは7人全員が納得するように分け与えることにしました。どんな方法をとれば、それを実現できますか？

HINT!

単純に「え？ $\frac{5}{7}$ ずつ分ければいいじゃん！」と思った人は考えが甘いようです。

$\frac{5}{7}$ をどうやって測るのか？ そもそも、$\frac{5}{7}$ に分けるのは正しいことなのか？

使われている言葉を分解して考えましょう。　　※解答は182ページ

第2時限

「全部」のことは
「一部」でわかる⁉

❓ 問　題

正の整数の下2桁とは、100の位以上を無視した数をいう。たとえば 2000, 12345 の下2桁はそれぞれ 0, 45 である。m が正の整数全体を動くとき、$5m^4$ の下2桁として現われる数をすべて求めよ。

(2007年　文科前期　第3問)

▶解法のステップ

【STEP1】m という数の定義の仕方

【STEP2】4乗の式展開

【STEP3】下2桁だけに注目する

【STEP4】細かい計算を順々にしてみる

無視する範囲と注意する範囲を区別する

解 答

$m = 10a + b$ (a は 0 以上の整数で、b は $0 \leq b \leq 9$ を満たす整数) とおくと、

STEP1

$5m^4$

$= 5(10a + b)^4$
$= 5(10000a^4 + 4000a^3b + 600a^2b^2 + 40ab^3 + b^4)$

STEP2

$= 100(500a^4 + 200a^3b + 30a^2b^2 + 2ab^3) + 5b^4$

ここで、$100(500a^4 + 200a^3b + 30a^2b^2 + 2ab^3)$ は下 2 桁に影響しない 3 桁以上の数である。
よって、$5m^4$ と $5b^4$ の下 2 桁は等しい。
したがって、b が 0 から 9 までの場合についてのみ調べればよい。

STEP3

このとき、$5b^4$ の下 2 桁は、順にそれぞれ挙げると、

b	0	1	2	3	4	5	6	7	8	9
b^4 の下 2 桁	0	1	16	81	56	25	96	1	96	61
$5b^4$ の下 2 桁	0	5	80	5	80	25	80	5	80	5

となる。

STEP4

以上より、$5m^4$ の下 2 桁として現われる数は、

0, 5, 25, 80 【答】

解　説

　求めるのは**下2桁に現われる数**です。しかも「すべて」調べなければならないので、どこまで調べればいいのか見当がつかなくなりそうです。

　こういった類の問題は、必ず規則性があります。際限がない世界を調べるには、時間がいくらあっても足りません（もちろん、試験時間中に終わりません）。

　では、どうしたらいいか？　東大は問題文（条件文）でヒントを述べることが多く、最初の文章に注目しましょう。

　「正の整数の下2桁とは、100の位以上を無視した数」という文章です。この箇所を読んで、「**計算結果を100の倍数と2桁の数に分ければよいのでは？**」と思った人はセンスがよいと思います。

　イメージが沸かない人は、適当な数で実験してみましょう。3つ4つ行なえば、何か法則性に気づけます（今回は同じ数字を4回かけ算しなければならない「4乗」ですから、骨が折れそうです）。

【STEP1】　m という数の定義の仕方

　この問題は、最初の第一歩の定義が非常に重要です。ここで方向性を見誤ると、とんでもない計算を行なっていかなければなりません。

　ポイントは、**下2桁と3桁以上の数字**です。3桁以上は、4桁だろうと5桁だろうと関係ありませんが、2桁まではきちんと数えなければなりません。

　そこで、$m = 10a + b$（a は0以上の整数で、b は $0 \leq b \leq 9$

を満たす整数）とおくことを考えましょう。この形で、実はすべての正の数を表わせるのです。

例1 $a = 1, b = 3$ のとき、$m = 13$
例2 $a = 20, b = 4$ のとき、$m = 204$
例3 $a = 130, b = 0$ のとき、$m = 1300$

このように、いくらでも m の数を大きく（もちろん小さくも）表現できます。

【STEP2】4乗の式展開

数学に苦手意識を持っている人は、計算が不得意な場合が多いようです。たしかに複雑な計算を地道に行なうのはかなりの労力が必要です。しかし、山登りと同じように、ゴールにたどり着けば素晴らしい景色が待ち構えているものです。

次の公式を見てください。

【公式】 $(x + y)^4 = x^4 + 4x^3y + 6x^2y^2 + 4xy^3 + y^4$

今回は、上の公式を使えば計算が求められるわけですが、この公式は以下のように表現できる興味深い式なのです。

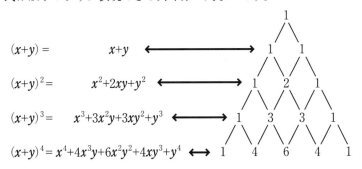

第1章 複雑な物事をシンプルにする「分解力」の問題

【STEP3】下2桁だけに注目する

途中式で、$100(500a^4 + 200a^3b + 30a^2b^2 + 2ab^3)$ という大きな塊に注目しましょう。

これは、「100 ×（非常に大きな整数）」という意味です。いま求めなければならないのは下2桁だけなので、実はこの3桁以上は考える必要がありません。

結局、調べるのは $5b^4$ だけでよいのです。

いくらでも大きな値になる a と違って、b は最初に0から9までの整数と定義してあるので、0から9までの10通りを調べれば、すべての整数を調べたことになる、と結論づけられたのです（10通りの中にすべて含まれる）。

【STEP4】細かい計算を順々にしてみる

0から9まで具体的に代入して計算していきましょう。

$b = 0$ のとき、$0^4 = 0 \times 0 \times 0 \times 0 = 0$

$b = 1$ のとき、$1^4 = 1 \times 1 \times 1 \times 1 = 1$

$b = 2$ のとき、$2^4 = 2 \times 2 \times 2 \times 2 = 16$

$b = 3$ のとき、$3^4 = 3 \times 3 \times 3 \times 3 = 81$

$b = 4$ のとき、$4^4 = 4 \times 4 \times 4 \times 4 = 256$

$b = 5$ のとき、$5^4 = 5 \times 5 \times 5 \times 5 = 625$

$b = 6$ のとき、$6^4 = 6 \times 6 \times 6 \times 6 = 1296$

$b = 7$ のとき、$7^4 = 7 \times 7 \times 7 \times 7 = 2401$

$b = 8$ のとき、$8^4 = 8 \times 8 \times 8 \times 8 = 4096$

$b = 9$ のとき、$9^4 = 9 \times 9 \times 9 \times 9 = 6561$

したがって、$5b^4$ の値は、

$b = 0$ のとき、$5 \times 0 = 0$
$b = 1$ のとき、$5 \times 1 = 5$
$b = 2$ のとき、$5 \times 16 = 80$
$b = 3$ のとき、$5 \times 81 = 405$
$b = 4$ のとき、$5 \times 256 = 1280$
$b = 5$ のとき、$5 \times 625 = 3125$
$b = 6$ のとき、$5 \times 1296 = 6480$
$b = 7$ のとき、$5 \times 2401 = 12005$
$b = 8$ のとき、$5 \times 4096 = 20480$
$b = 9$ のとき、$5 \times 6561 = 32805$

よって、下2桁に注目すると、

$b = 0$ のとき、0
$b = 1$ のとき、5
$b = 2$ のとき、80
$b = 3$ のとき、5
$b = 4$ のとき、80
$b = 5$ のとき、25
$b = 6$ のとき、80
$b = 7$ のとき、5
$b = 8$ のとき、80
$b = 9$ のとき、5

思い込みという"盲点"に気づこう

数学的な考え方

真面目な人ほど、イチから全部を調べようとします。たしかにイチから調べるのが大事なときもあります。しかし、それが「やみくもに」となると話は別です。調べる数がやたらに多くなれば多いほど、考えすぎてしまってわけがわからなくなります。

大きな物事を考えるときこそ、注意深く「目的」に沿って焦点を当てるべきです。

たとえば、「東京大学に合格しよう！」と決意し、本屋に行って一番むずかしい問題集を買い漁（あさ）り、毎日コツコツ勉強しようとしても、ほぼ失敗します。その理由は、戦略を立てずに「東大＝日本で一番むずかしい」という勝手なイメージからスタートしたからです。

ゴールが東大合格であるなら、合格に必要な力を知り、受験情報をきちんと説明できる人に話を聞くべきです。さもなければ、途中で「できない」「無理だ」とレッテルを張り、あきらめてしまうでしょう。それでは非常にもったいないと思います。

たしかに**東大合格は簡単ではありませんが、東大が求めている人物像を知れば可能性はぐんと高まります。**

求めている力の1つを具体的に紹介しましょう。次の計算を素早くこなしてください。注意するのは「素早く」です。

192 × 312 ＝ ?

先にも述べましたが、この計算をそのまま筆算するのはナンセン

スです。求められているのは「素早く」ですから、できるだけ「適当に」計算してください。

東大に受かるタイプの人は、

192 × 312 ≒ 60000

というふうに計算します。東大が求めているのは**「全体を素早くつかめる人」**です。言い換えるなら、**「楽をするために工夫できる人」**です。上の計算を、「200 × 300 ≒」と置き換えられる人なのです。

こうした出題の意味に気づくには、やはり分解力が必要です。「素早く」という文を抽出できれば、「おおよそ」という考えに近づくことができるはずです。

細かい作業もたしかに重要。でも、「いま大事な目的は？」と考えると、意外と簡単に解決策が見つかることもあります。

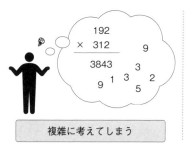

複雑に考えてしまう

楽をする工夫

①完璧を目指さない（目的に見合った内容を選ぶ）
②わからなければ聞く（自分勝手は成長を遅くします）
③楽をするために工夫する（全体を素早く工夫する術を知る）

演習問題

Q. 昔、A国とB国は宇宙開発の競争をしていました。あるとき、両国は同じ課題にぶちあたりました。それは、地球上で普通に使えるボールペンが宇宙では使えないというものです。宇宙空間は無重力なので、ボールペンの中のインクがうまくペン先に出てこないからだとわかりました。

早速A国は、最高の研究者を集め、多額の研究費を使い、どんな宇宙空間でも使えるボールペンを開発しました。しかし、B国は研究者も研究費も使いませんでした。それでは、B国がとった行動とは？

HINT!

重要な「目的」が何かを考えましょう。A国がとった行動は、お金と資源があれば誰でも思いつく方法です。お金と資源がなくてもできる工夫とは何でしょうか？ 大人よりも小学生のほうが思いつきやすいかもしれません。

※解答は183ページ

第3時限

多くの情報の中から"主役"を決める

問題

p, q を2つの正の整数とする。整数 a, b, c で条件

$-q \leq b \leq 0 \leq a \leq p, \ b \leq c \leq a$

を満たすものを考え、a, b, c を $[a, b\,;\,c]$ の形に並べたものを (p, q) パターンと呼ぶ。このとき、

$w([a, b\,;\,c]) = p - q - (a+b)$

とおく。(p, q) パターンのうち、$w([a, b\,;\,c]) = -q, p$ となる個数をそれぞれ求めよ。　(2011年　理科前期　第5問改題)

▶解法のステップ

【STEP1】たくさんの文字を"見える化"する

【STEP2】式を比較して考える

【STEP3】複数の条件を踏まえて、個数を考える

第1章 複雑な物事をシンプルにする「分解力」の問題

たくさん並んだ数字や記号から比較する

解　答

問題文の条件を整理すると、

> $-q \leq b \leq 0 \leq a \leq p$ ……①
> $b \leq c \leq a$ ……②
> $w([a, b\,;c]) = p - q - (a+b)$ ……③

STEP1

$w([a, b\,;c]) = -q$ の場合、③と比べると、$a + b = p$ が成立する。これと①より、

STEP2

$a = p, b = 0$ となるので、$0 \leq c \leq p$ となる。
よって、条件を満たす c の個数は、$(p + 1)$ 個

STEP3

$w([a, b\,;c]) = p$ の場合、③と比べると、$a + b = -q$ が成立する。これと①より、

$a = 0, b = -q$

となるので、$-q \leq c \leq 0$ となる。
よって、条件を満たす c の個数は、$(q + 1)$ 個
以上より、条件を満たす c の個数は、

$$\begin{cases} w([a, b\,;c]) = -q \text{ の場合、}(p+1) \text{ 個} \\ w([a, b\,;c]) = p \text{ の場合、}(q+1) \text{ 個} \end{cases}$$ 【答】

解 説

　求めるのは**条件を満たす個数**です。文字がたくさんあるので、数学アレルギーのある人なら「勘弁してくれよ」と思うでしょう。しかし、**数学の試験で複雑な文字がたくさん出てきたときは、簡単に解けるケースが少なくありません。東大の入試試験はとくにそうです。**

　たくさん考えることがある場合、1つひとつ順序立てて物事を進めていくと、非常にクリアな答えにたどり着けます。この問題も単純明快で、実は中学生でも解答できる内容です。

　出題されている条件は「範囲」です。ここで出てくるのは「**不等号**」で、これは小学2年生で学びます。小学生では、30と50は50のほうが大きいので「30＜50」が成り立ちます、という程度です。その頃から学び、大学受験まで出題されるのですから、英語以上に長い期間にわたって出題される言葉です。それはもちろん、重要だからです。

　数学を学ぶ目的の1つは、「基準を揃えて評価する」ことです。いろいろな物の大きさや価値を見出すのに有効な手段は、やはり「**比較**」です。2つの物を比べることもあれば、3つ、4つと比べることもあります。

　この問題では、「$-q$より大きい」とか、「pより小さい」とか比べるものがいくつかあります。**どこを見ればいいかわからない人は、"主役"を決めましょう。**

　次の不等式を例に見てみましょう。

$$0 < a < 3 < b < 5 < c < 9 < d$$

一気に見るとむずかしく感じますが、

① a を主役として見ると、a は0より大きくて3より小さい。
② b を主役として見ると、b は3より大きくて5より小さい。
③ c を主役として見ると、c は5より大きくて9より小さい。
④ d を主役として見ると、d は9より大きい。

とわかります。

　主役を決めるとは、「焦点の当て方を工夫する」という意味です。考える範囲を減らすことで、評価をしやすくする。こういうふうに、物事を考える手助けになるのが、数学のおもしろいところです。

【STEP1】たくさんの文字を"見える化"する

「整数 a, b, c で条件 $-q \leq b \leq 0 \leq a \leq p$」とは、$a, b$ の値の範囲を表わしたものです。a と b にそれぞれ分けて考えると、わかりやすくなります。

　書き直すと、**a は 0 以上 p 以下の整数**

**　　　　　　b は $-q$ 以上 0 以下の整数**

たとえば、$p = 4$, $q = 2$ ならば、図示すると次のようになります。

a は0以上4以下の整数。つまり、0, 1, 2, 3, 4 の5通り。
b は -2 以上0以下の整数。つまり、$-2, -1, 0$ の3通り。
「$b \leq c \leq a$ を満たすもの」とは、先ほど範囲が判明した a, b に

より、c の範囲が決まる、という意味です。

たとえば、$a = 3, b = -2$ の場合は次のようになります。

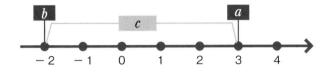

上図から、この場合の c は、$-2, -1, 0, 1, 2, 3$ の 6 通り。

【STEP2】式を比較して考える

「各 (p, q) パターン $[a, b ; c]$ に対して $w([a, b ; c]) = p - q - (a + b)$ とおく」とは、「**p, q, a, b の 4 つの値が決まると、ある値が決まる**」という意味です。

注意したいのが、この関係式を見ると、この時点で c は関係ないという点です。気づいた人はいいセンスの持ち主です。

いま何を考えなければならないか明確にすると同時に、不要なものも明確にしておくのは重要です。

「(p, q) パターンのうち、$w([a, b ; c]) = -q$ となるものの個数を求めよ」とは、「**p, a, b の関係を決めた場合の (a, b, c) の組の個数を求めよ**」という意味です。

では、$w([a, b ; c]) = p - q - (a+b)$ と、$w([a, b ; c]) = -q$ を見比べてみましょう。すると、次の式が成り立ちます。

$p - q - (a + b) = -q$

両辺 $-q$ が共通しているので除くと、

$p - (a + b) = 0$

つまり、$p = a + b$

【STEP3】複数の条件を踏まえて、個数を考える

$p = a + b$ が成り立ち、$a \leq p$ であり、$b \leq 0$ なので、$a + b$ は最大で p です。

その場合の a, b は、$a = p$（a の最大値）, $b = 0$（b の最大値）となります。

この場合の c の個数を最後に見ていきましょう。

c は、$b \leq c \leq a$ なので、$a = p, b = 0$ を代入すると、

$0 \leq c \leq p$（c は整数）

これを図示すると次のようになります。

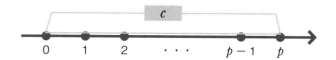

$c = 0, 1, 2, \cdots, p - 1, p$ の $(p + 1)$ 個

大きさや数は実例で比較する

数学的な考え方

　生活をしていて**一番よく使う数学の知識は「物の数え方」**でしょう。1個、2個、3個というように片手で指数えできる程度でしたら、むずかしくはないと思います。

　しかし、範囲が大きくなると工夫が必要です。

　たとえば、チョコレート8個入りのケースが10箱あれば、全部取り出して数えなくても、8 × 10 = 80個と「九九」で計算できます。

　では、次の例はどうでしょうか。

1㎥の中に1ℓの水は何セット入るか？

　正解は1000セットです。

　この計算になじみのない人は多いと思います。1㎥は縦、横、高さの3辺がそれぞれ1mありますから、実際に見てみるとけっこう大きいです。

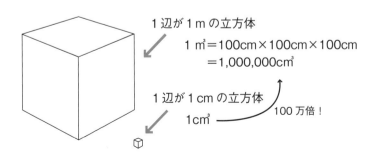

第1章 複雑な物事をシンプルにする「分解力」の問題

このように、**大きさや数を実際の物で比較することは数学の重要なテーマ**です。

ふだんから「東京ドーム10個分」「東京〜大阪間を往復する距離」「富士山3つ分の高さ」など、**身近な例で説明すると「できる人」と思われる**でしょう。

もっと重要なのは**「基準を持つこと」**で、問題を解いたり、課題を解決したりするときに大きな力になります。基準を持てば、たとえば問題文も効果的に分解できて、文意を正しく読み取ることが可能になるのです。

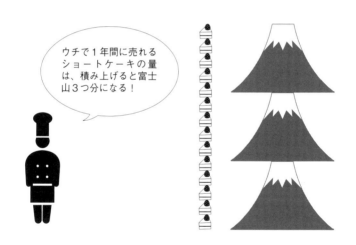

① 「知っているつもり」に気づく（大きさや数の規模を知る）
② 比較するものを探す（大きさ・長さ・個数を表わす材料を知る）
③ 目安選び（相手目線で伝わる基準を見つける）

演習問題

Q. 1台の自動販売機に何本の飲み物が入っているでしょうか？

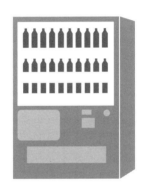

HINT!

　自動販売機の大きさを具体的に想像できますか？　外を歩けば見ない日はないくらいよく目にしますが、おそらく考えたことは一度もないでしょう。

　ジュース缶を積み上げていくと、どれくらいになるのでしょうか？　1缶の大きさと自販機の大きさを比較できるようにするには、どうすればいいのでしょうか？

※解答は185ページ

第4時限

複雑なカタチは知っているカタチに直す

? 問　題

下図のように、一定の操作の繰り返しにより構成される図形の列を考察しよう。

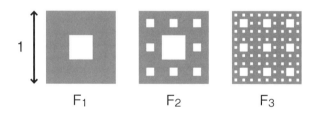

はじめに、一辺の長さ1の正方形を F_0 とする。F_0 を、一辺の長さ $\frac{1}{3}$ の9個の小正方形に分割し、中央の小正方形を取り去ったものを F_1 とする。また、それぞれの小正方形を一辺の長さ $\frac{1}{3}$ のユニットと呼ぶ。

次に、F_1 を構成する8個のユニットのそれぞれについ

て、これを 9 個の小正方形に分割し、そこから中央の小正方形を取り去ったものを F_2 とする。また、この分割で得られたそれぞれの小正方形を一辺の長さ $\frac{1}{9}$ のユニットと呼ぶ。以下、同様の操作を繰り返して得られる図形を $F_3, F_4, \cdots$ とする。

(1) F_0 を一辺の長さ $\frac{1}{3}$ のユニットで覆うと 9 個を要するが、F_1 以降の図形では 8 個を要する。では、これらの図形を一辺の長さ $\frac{1}{9}$ のユニットで覆うと、何個を要するか。$F_0, F_1, F_2, \cdots$ のそれぞれについて答えよ。

(2) $B = 3^m$ (m は正の整数) に対して、一辺の長さ $\frac{1}{B}$ のユニットで各図形を覆うのに要する個数は、ある番号 p 以降の $F_p, F_{p+1} \cdots$ に対しては一定となる。この値を $n(B)$ とするとき、$n(B)$ を m を用いて表わせ。

(2012 年　理科 III 類を除く後期　第 2 問改題)

▶解法のステップ

【STEP1】図を 1 つひとつ順序立てて分割する

【STEP2】1 回目、2 回目の操作からその先を予測する

【STEP3】複数の条件を踏まえて、個数を考える

（　繰り返しには規則がひそんでいる　）

解　答

(1) F_1 は中央に一辺の長さ $\frac{1}{3}$ の正方形の空白をあけたものなので、1回目の操作で得られる図形の面積は $\frac{8}{9}$ 倍になる。

F_0 の面積は1なので、F_0 を一辺の長さ $\frac{1}{9}$ のユニットで覆うと、$\frac{1}{\left(\frac{1}{9}\right)^2} = 81$ 個を要する。

STEP1

同様にして、F_1 の面積は $\frac{8}{9}$ であり、さらに F_2 の面積は $\left(\frac{8}{9}\right)^2$ より、それぞれ一辺の長さ $\frac{1}{9}$ のユニットで覆うと、

$\dfrac{\frac{8}{9}}{\left(\frac{1}{9}\right)^2} = 72$ 個、$\dfrac{\left(\frac{8}{9}\right)^2}{\left(\frac{1}{9}\right)^2} = 64$ 個を要する。

F_3 以降では、取り去る部分の大きさが一辺 $\frac{1}{9}$ より小さいので、必要とするユニットがこれ以上減ることはない。

以上から、F_2 以降はすべて 64 個。

STEP2

$$\begin{cases} F_0 \text{ は } 81 \text{ 個} \\ F_1 \text{ は } 72 \text{ 個} \quad \text{【答】} \\ F_2 \text{ 以降は } 64 \text{ 個} \end{cases}$$

(2) 一辺の長さ $\dfrac{1}{3^m}$ のユニットで $F_1, F_2, F_3, \cdots$ を覆うのに要する個数は、(1)の操作から F_m 以降一定になる。

F_m の面積は $\left(\dfrac{8}{9}\right)^m$ より、これを覆うのに必要なユニット数は

STEP3

$$n(B) = \dfrac{\left(\dfrac{8}{9}\right)^m}{\left(\dfrac{1}{3^m}\right)^2} = 8^m \text{ (個)} \quad \text{【答】}$$

解　説

　求めるのは**分割されていく図形の行方**です。この問題のように、あるルールに従って変化していく図形の問題は数学でよく問われます。

　少々複雑な図形であっても、目に見える範囲であれば、指で1つひとつ数えていけば物の個数は把握できます。しかし、あまりに小さな図形や大きな図形になると、さすがに原始的な指数え方式では困難になります。

　ここでも、F_2 くらいまでなら何とか数えられそうですが、F_3 になるともう目で追えません。

　この問題を解く際に重要になるのが「**分数の割り算**」です。これは、皆さんも一度は疑問に思ったことがあるでしょうが、「**ひっくり返してかけ算に直す**」という計算法です。

　たとえば、「$3 \div \dfrac{1}{2} = 3 \times 2$」となるわけですが、なぜこういう計算式になるのでしょうか？

　多くの人が、たとえば割り算を「6個のアメを2人で同じ数に分けました。1人何個ずつでしょう？」などと思い込んでいます。ここが根本的に間違っています。

　そのため、「$3 \div \dfrac{1}{2}$」のような計算問題が出てくると、「$\dfrac{1}{2}$ 人で分けるって、どういう意味？」と頭を抱える人が続出するのです。

　割り算は「**数の割合を測る計算法**」です。たとえば、$3 \div \dfrac{1}{2}$ は、「3という数字を $\dfrac{1}{2}$ という量で測るとどのくらいの割合か？」

という意味です。

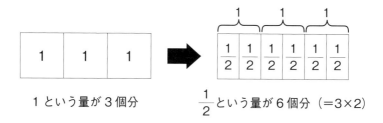

1という量が3個分　　　　　$\frac{1}{2}$という量が6個分（＝3×2）

　東大は、高校生までに学んできたことの原理を問うケースがよくあります。「とりあえず覚えればいいんだよ」としばしば言われる割り算の計算法1つにしても、きちんと考えられるようになって大学に入学してほしいというメッセージが読み取れます。

　それでは、この問題の分割される図形を、前記の割合の話をからめながら1つひとつ見ていきましょう。

【STEP1】図を1つひとつ順序立てて分割する

「一辺の長さ1の正方形をF_0とする。F_0を、一辺の長さ$\frac{1}{3}$の9個の小正方形に分割し、中央の小正方形を取り去ったものをF_1とする」

　これは、「**F_0を縦、横それぞれ3等分すると、全部で9個の小さな正方形ができる。その中で、中央の小さな正方形1つを取り去り、残った図形をF_1とする**」という意味です。

　図示すると次ページのようになります。

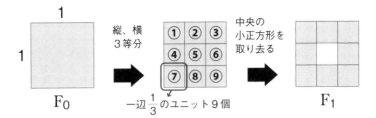

F_0 の面積 $= 1 \times 1 = 1$

$\dfrac{1}{3}$ のユニットの面積 $= \left(\dfrac{1}{3}\right)^2 = \dfrac{1}{9}$

F_0 にある $\dfrac{1}{3}$ のユニットの個数 $= 1 \div \dfrac{1}{9} = 9$ （個）

F_1 には $\dfrac{1}{3}$ のユニットが 8 個あるので、

F_1 の面積 $= 8 \times \dfrac{1}{9} = \dfrac{8}{9}$

さらに分割すると、

  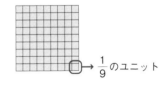

$\dfrac{1}{9}$ のユニットの面積 $= \left(\dfrac{1}{9}\right)^2 = \dfrac{1}{81}$

F_0 にある $\dfrac{1}{9}$ のユニットの個数 $= 1 \div \dfrac{1}{81} = 81$ （個）

【STEP2】1回目、2回目の操作からその先を予測する

さらに詳しく、F_1, F_2について面積とユニット数を見ていきましょう。

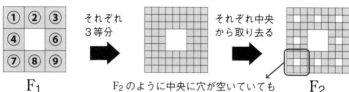

$\dfrac{1}{3}$ のユニットの面積 = $\dfrac{1}{9}$

$\dfrac{1}{9}$ のユニットの面積 = $\dfrac{1}{81}$

F_1 の面積 = $\dfrac{8}{9}$

F_1 にある $\dfrac{1}{3}$ のユニットの個数 = $\dfrac{8}{9} \div \dfrac{1}{9} = \dfrac{8}{9} \times 9 = 8$（個）

F_1 にある $\dfrac{1}{9}$ のユニットの個数 = $\dfrac{8}{9} \div \dfrac{1}{81} = \dfrac{8}{9} \times 81 = 72$（個）

F_0 の面積を $\dfrac{8}{9}$ 倍すると F_1 の面積になるので、F_2 の面積はさらに $\dfrac{8}{9}$ 倍すると求められ、

F_2 の面積 = $\dfrac{8}{9} \times \dfrac{8}{9} = \dfrac{64}{81}$

F_2 にある $\dfrac{1}{3}$ のユニットの個数は F_1 と同じ 8（個）

F_2 にある $\dfrac{1}{9}$ のユニットの個数 = $\dfrac{64}{81} \div \dfrac{1}{81} = \dfrac{64}{81} \times 81 = 64$（個）

同様にすると、F_3 の面積 = $\dfrac{8}{9} \times \dfrac{8}{9} \times \dfrac{8}{9} = \left(\dfrac{8}{9}\right)^3$

F_3 にある $\dfrac{1}{3}$ のユニットの個数 = 8（個） ⇐ F_1, F_2 の数と同じ

F_3 にある $\dfrac{1}{9}$ のユニットの個数 = 64（個） ⇐ F_2 の数と同じ

【STEP3】複数の条件を踏まえて、個数を考える

先の結果を表にまとめると次のようになります。

図形の名称	F_0	F_1	F_2	F_3
$\dfrac{1}{3}$ のユニットの個数	9	8	8	8
$\dfrac{1}{9}$ のユニットの個数	81	72	64	64
面積	1	$\dfrac{8}{9}$	$\left(\dfrac{8}{9}\right)^2$	$\left(\dfrac{8}{9}\right)^3$

$\dfrac{1}{3}$ のユニットの個数の場合、F_1, F_2, F_3 の数は同じ、これ以降も同じ。

$\dfrac{1}{9} = \left(\dfrac{1}{3}\right)^2$ のユニットの個数の場合、F_2, F_3 の数は同じ、これ以降も同じ……という結果がわかるので、次のような結論に至ります。

$\dfrac{1}{27} = \left(\dfrac{1}{3}\right)^3$ のユニットの個数の場合、F_3, F_4, F_5, … の数は同じ。

$\dfrac{1}{81} = \left(\dfrac{1}{3}\right)^4$ のユニットの個数の場合、F_4, F_5, F_6, … の数は同じ。

$$\left(\frac{1}{3}\right)^{④} \xleftarrow{\text{関係が見える}} F_{④},\ F_{⑤},\ F_{⑥}\ \cdots$$

$$\left(\frac{1}{3}\right)^{⑪}\ \ F_{⑪},\ F_{⑪+1},\ F_{⑪+2}\ \cdots$$

このような関係になる

$\left(\frac{1}{3}\right)^m$ のユニットの個数の場合、$F_m, F_{m+1}, F_{m+2}, \cdots$ の数は同じ。また、F_m の面積 $=\left(\frac{8}{9}\right)^m$ であるので、この面積を覆うための $\left(\frac{1}{3}\right)^m$ ユニットの個数は、

$$\frac{\left(\frac{8}{9}\right)^m}{\left(\frac{1}{3^m}\right)^2} = 8^m\ (個)$$

$m=1$ のときは8個、$m=2$ のときは64個、たしかに先ほどの表の結果と合致します。

$(\,$ 崩す＝×、分けて考える＝○ $\,)$

 数学的な考え方

　つけ足していくこと（過程）は、思いついたらそのたびに行なえばよいので、比較的誰でもできます。しかし、分割していくこと（過程）は、崩し方を誤ると全体像がわからなくなり、失敗が苦手な人はとくに手をつけません。したがって、失敗を恐れると、なおのこと「分解力」は身につきません。

　では、分解力を身につけるためには、どこからスタートすべきか、マニュアルが欲しくなるかもしれませんが、そうしたものに頼らず、問題にあたって真剣に向き合うことこそ成長の糧となります。

　分割の際に、1つの指針としてほしいのは、**崩す前の形がイメージできる**ことです。

　たとえば、クッキーを2つに分割した場合は、その片方を見て、「クッキーだ！」とすぐわかると思います。しかし、ハンマーで叩いて粉々にした後では、その1つの欠片を見て、元の形をイメージするのはむずかしいはずです。分解と粉砕はまったく異なります。

　この問題では、同じ形を基本単位として崩していっています。まるで、小さいチョコレート片がいくつも寄せ集まった板チョコを割っていくようです。

　分割する目的の1つは、効率を上げることです。一部を調べるだけで、全体像を知ることができるのです。

　たとえば、「渋谷に行くと日本の流行がわかる」といった具合です（反論する人もいると思いますが）。この視点は一見、分解力か

ら始まっていないようですが、日本という全体の中の部分である渋谷に焦点を当てています。これも、分解力から生まれた視点です。

　こうした視点から、さらに目を広げると、「**ニューヨークで流行ったものは東京でも流行る**」というジンクスなども関連する例になります。この流れで考えると、「いまのニューヨークを見ると、その何年か後に東京で流行るから、○○という準備をしておけば役立つ」と思えます。

　分解力を身につけると、こういう見方もできるようになります。

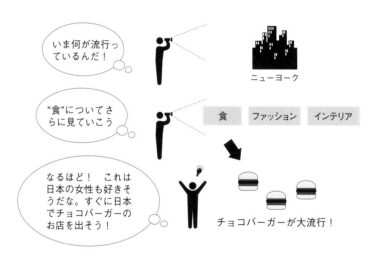

①**考えやすく楽なほうに行くと危険**（お手本がないと動けないのは残念）
②**前後を意識する**（崩すではなく整理できる分け方を知る）
③**小から先を読む**（身近な社会から広い世界を想像する）

演習問題

Q. ある5人を2つのチームに分け、その2つのチーム同士でディベートをすることにしました。性格はそれぞれ次のとおりです。あなたが考える分け方は？

Aさん
頑固者で集団行動は苦手だが、決断が早く、自ら率先して動く

Bさん
そそっかしく我慢が苦手だが、人望が厚く、周りからかわいがられる

Cさん
とくに目立つことはなく、何事も長続きせず、消極的

Dさん
人情深く、少々のことではへこたれず、冷静に状況を判断できるが、優柔不断

Eさん
我が強いが、辛抱強く、常に状況に合った行動をとる

HINT!

この問題も「何を目的にするか」が重要になってきます。

積極的な人とそうではない人をバランスよく配置するのか？ 同じタイプをあえて一緒にするのか？

目的を明確化し、基準を決めてチーム分けしてください。

※解答は186ページ

第 2 章

柔軟な発想で解決策を見出す「想定力」の問題

GUIDANCE

東大が求めている「想定力」とは何か？

■ 柔軟な発想で解決策を見出すために

柔軟な発想で解決策を見出す——。数学で身につけたい力の1つです。

教科書に記載されているような問題が毎回出題されれば、何も工夫せず、解答を覚えてしまえばいいわけですが、受験も人生もそう簡単にはいきません。

さまざまに変化する状況、とくに自分がいままで見たことも聞いたこともない場面に遭遇したときに、問題解決しようと考える経験は非常に重要です。

はたから見ると困難な状況でも、臨機応変に行動できる人たちは、どんなふうに考えているのでしょうか？ 実は、彼らは課題解決に必要なものを想定することから行動を始めるクセがついています。つまり、**想定力**が優れているのです。

次の例で考えてみましょう。

友だちと食事する店をあなたが選ぶことになった場合、どのように選ぶか？

想定力が低い人は、「テレビで紹介されたから」「自分が食べたいから」などの理由だけでお店選びをしています。これでは、友だちが満足してくれる可能性は低そうです。

　想定力が高い人は、「**友だちが苦手な食べ物は何か？**」「**駅からの移動が楽か？**」など、他の人や店の周りの状況を想定し、きちんと調べてからお店選びをしています。当日、思わぬ事態が起きても対応できる準備を事前に整えているので、スマートな対応ができるわけです。

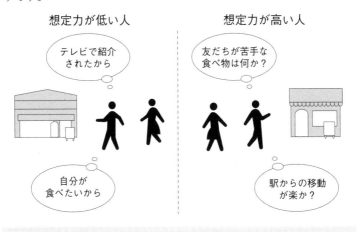

■ 課題の解決に必要なものを想定

　この例のように、文章の中の情報をもとに推測できるのが**想定力**です。

　東大は、受験生が初めて目にするような設定の問題をよく出題します。これは、わざと受験生を驚かせたり、怖がらせたりしようと思っているわけではありません。意図は、初めての状況でも工夫した行動ができるか試しているのです。

初めての状況といっても、どんな状況なのかをきちんと調べれば、自分がいままで経験した事柄との共通点が見つかるようになっています。

　このことは、東大が発表している「本学の教育研究環境を積極的に最大限活用して、自ら主体的に学び、各分野で創造的役割を果たす人間へと成長していこうとする意志を持った学生」を求めていることからも読み取れます。

　つまり、知っていることだけ行動できればいいのではありません。**手探りであっても自ら行動し、課題解決に必要なものを想定し、向かっていける力を求めているわけです。**

■ まずこれを解いてみよう

　では、実際に東大が求める想定力とはどんなものか、本章を始める前にまずお読みください。

【例題】

　ボタンを押すと、○か×が表示される機械がある。このボタンを繰り返し押す操作をし、×が合計で2回出たら操作を終了する。

　このとき、×が2回出る前に○が2回出る場合は何通り？
　続いて、×が2回出る前に○が3回出る場合は何通り？
　最後に、×が2回出る前に○が10回出る場合は何通り？

　この問題で知ってほしいポイントは3つです。

①1回分の操作自体は簡単であること
②操作を組み合わせて複雑になったルールを調べさせていること
③何度も操作を繰り返すと、どうなるかを予測させていること

　この3つの流れは、東大の入試で頻出する出題パターンです。

　東大が出題する問題には、小学生や中学生の教科書に書いてあるような基本事項がたくさん盛り込まれています。

　「1文字目から最後まで難解でお手上げ」という問題のほうが珍しいのです。「東大の問題だから、どうせむずかしい」という先入観を持たず、文章中から自分が知っている言葉を見つけていけば（このとき、第1章の「**分解力**」を使います）、解決の糸口はきっと見つかります。

　まず①から見ていきましょう。これは、ボタンを1回押すときの○×いずれかが出る場合を意味しています。これに気づくことが①のポイントです。

　これは、ひと目見て理解できるはずです。そして、この文章から与えられた条件を読み取り、②以下で想定力を働かせてほしいという狙いがあります。

　続いて②です。操作ルールを見ると、×が2回出たら終了ということなので、××となってはならないわけです。逆に考えると、**「×が1回まで数えることができる」ときの場合の数**ということになります。

　ちなみに、○に制限はないので、○○○○○○○…と連続で出たとしても、基本的には問題ありません。ただし、問題文では○の出る数が制限されています（2回、3回、10回など）。**数える範囲が見えると安心できます。**

このように、どんな条件が示されていて、どんなルールがひそんでいるかを具体的に調べていくと、問題の意味がはっきりしてきます。
　公式を当てはめるような問題なら解けるのに、少し複雑になると途端に何をしていいかわからなくなってしまう人は、この具体的に調べる作業が足りないことが多いのです。これは想定力の不足が原因と考えられます。
　さて、問題の条件整理に戻ると、×が2回出る前（つまり、×は1回まで含まれていい）に〇が2回出る場合を表わすと、

　〇〇　　〇×〇　　×〇〇　（合計3通り）

となり、また、×が2回出る前に〇が3回出る場合を表わすと、

　〇〇〇　　〇〇×〇　　〇×〇〇　　×〇〇〇　（合計4通り）

となります。
　問題に向かうときは、頭の中だけで考えず、想定したことに従って実際に書いてみると、ルールや法則性が見えてきます。「×が2回出る前に」という表現が**「×は1回まで含まれていい」**ということを意味していたことがはっきりしたと思います。
　さらに繰り返し、最後に③を考えましょう。〇が10回となると少し大変そうですが、②でやった具体例から調べていきましょう。
　前問の続きで、まず、〇が4回出る場合の数を調べてみましょう。次のようになります。

　　○×○○○　　×○○○○　　　　　　　（合計5通り）

　以上をまとめてみると、○が2回は3通り、○が3回は4通り、○が4回は5通りなので、求めようとしている場合の数には、「**○の回数＋1**」という法則がありそうです。つまり、「○が10回だと $10 + 1 = 11$ 通りになりそうだ……」と予測できます（実際に書き出してみると **11通り**になります）。

　このように、問題文を読み取り、想定した法則性に従って具体的な例をきちんと調べれば、複雑なことでも理解できるようになるのです。

　具体例を書き出す練習を繰り返せば、文章を読むだけで何を準備すれば課題を解決できるか想定する力を身につけられます。**想定力を磨けば、どんな状況にも対応できる人間へと成長できます。**

　この力を本章で学んでいきましょう。

第5時限

未来を推理するには確率を使うといい

❓ 問　題

PCの画面に、記号○と×のいずれかを表示させる。各操作で、直前の記号と同じ記号を続けて表示する確率は、それまでの経過に関係なく、p であるとする。最初に、PCの画面に記号×が表示された。記号×が最初のものも含めて3個出るよりも前に、記号○が n 個出る確率を P_n とする。ただし、記号○が n 個出た段階で操作は終了する。

(1) P_2 を p で表わせ。　　(2) P_3 を p で表わせ。

(2006年　文科前期　第2問改題)

▶考え方のSTEP

【STEP1】操作が終わってしまうパターンとは？

【STEP2】直前と同じ記号を表示する確率とは？

【STEP3】P_n の意味を説明できるか？

（ 手作業で規則性を探す ）

  解　答

(1) P_2 とは、×が2個以内という条件で、2個目の○が出るまでの出方を考えればよい。ただし、1回目は×である。それは「×○○　××○○　×○×○」の3通りである。

STEP1

ここで、「○→○」または「×→×」となる確率は、p
したがって、「×→○」または「○→×」となる確率は、$(1-p)$

STEP2

となるので、求める確率 P_2 は、

$P_2 = p(1-p) + p^2(1-p) + (1-p)^3$
$ = (1-p)(2p^2 - p + 1)$　【答】

STEP3

(2) 上の(1)と同様に、P_3 とは、×が2個以内という条件で、3個目の○が出るまでの出方を考えればよい。ただし、1回目は×である。それは、「×○○○　××○○○　×○×○○、×○○×○」の4通りである。

よって、求める確率 P_3 は、

$P_3 = p^2(1-p) + p^3(1-p) + p(1-p)^3 + p(1-p)^3$
$ = p(1-p)\{p + p^2 + (1-p)^2 + (1-p)^2\}$
$ = p(1-p)(3p^2 - 3p + 2)$　【答】

解　説

　求めるのは**それぞれの場合の確率の和**です。確率の問題は、公式を見ながらすぐに解けるようなものはほとんどありません。一見すると、初めて目にするような話が問題文に書かれています。これは、確率の問題の大きな特徴です。公式に頼っている受験生には天敵のような分野のはずです。

　では、どういうふうに考えればよいか？　必要なのは、**条件を自分で具体的に調べる作業**です。条件はたいてい言葉で書いてあります。その言葉から推測していきます。

　次の例文を見てください。

　2人でゲームをした。2人はそれぞれ A, B, C の3通りの選択肢を持っている。同時にその選択肢を見せて勝負を行なう。A は B に勝ち、B は C に勝ち、C は A に勝つ。同じ選択肢だった場合はもう一度勝負を行なえる。

　これを紙に書いていると、「あれ？　この勝負って、**ジャンケンと同じだ**」とわかるはずです。確率の問題も同じで、自分の知っている形まで導く力が求められているのです。

【STEP1】操作が終わってしまうパターンとは？

　条件で、「記号×が最初のものも含めて3個出るよりも前に、記号○が n 個出る」とあります。

　記号×が3個出てはならないので、最初に思いつくのは、×××

と表示すると操作は終了（ゲームオーバー）することです。

他にも、記号×が3個出るよりも前に、記号○が2個出るパターンを考えるとき、××○×や、×○××と表示すると操作は終了してしまいます。これでは○を2つ表示できないままです。

同様に、記号×が3個出るよりも前に、記号○が3個出るパターンを考えるとき、×○×○×や、×○○××と表示すると操作は終了してしまいます。

このように、確率を考えるとき、まずはあれこれパターンを具体的に書いてみると、解決の糸口は見えてきます。

【STEP2】直前の記号と同じ記号を続けて表示する確率とは？

この問題で登場する記号は○と×だけです。「直前の記号と同じ記号を続けて表示する」とは、「**○の次に○、または×の次に×と表示する**」ことです。

この確率を、この問題ではpと表わします。数学では確率を表わすのに、0から1までの値で表わします。0%なら0、100%なら1、30%なら0.3という具合です。

それなら、「**直前の記号と異なる記号を続けて表示する確率は、$(1-p)$と表わせる**」と思った人は、よいセンスをしています。

もし、同じ記号を続けて表示する確率が30%（数学では0.3）なら、違う記号を続けて表示する確率は70%（数学では0.7）だとわかります。

【STEP3】P_nの意味を説明できるか？

では、P_nを表わす表示を見ていきましょう。n回と記号で書かれていても、しょせん求める回数は2回とか3回といった数字なの

で、具体化すればわかりやすくなります。

記号×が3個出るよりも前に記号〇が1個出るパターンは、×〇、××〇という2通りの表示です。

また、記号×が3個出るよりも前に記号〇が2個出るパターンは、×〇〇、××〇〇、×〇×〇という3通りの表示です。

調べるには、1つずつズラして書いていくのがよいでしょう。ちなみに、この場合、〇×〇や〇××〇といったパターンを思いついた人もいるかもしれませんが、条件文で、**「最初に、コンピュータの画面に記号×が表示された」**と書いてあるので、これらは除かれます。

ジャンケンで、「最初はグー！」と全員でかけ声を出すように、操作は始まるわけです。

さらに、確率を計算する際には次のようなルールがあります。

【確率のルール】

Aが起きる確率をa、Bが起きる確率をbとしたとき、次の2つの場合で計算法が異なる。

① Aが起きた後にBが起きる確率は、$a \times b$（かけ算をする）
② Aが起きる場合とBが起きる場合が同時に起こらない場合、
　 求める確率は、$a + b$（足し算する）

この問題では、×〇〇となる確率❶と、××〇〇となる確率❷と、×〇×〇となる確率❸を足せば求められます。

つまり、$P_2 =$ ❶＋❷＋❸ となります（65ページ参照）。

手を動かせば「推理力」が高まる

 数学的な考え方

　確率の問題を解いて身につくのは**推理する力**です。これは「想定力」と重なります。つまり、現状を見て今後どんなことが起きるか、あらゆる場合を推測するという意味です。

　Ａが起きたら、次はＢが起きる。Ｂが起きたら、次はＣが起きる。だから、Ａが起きたら、Ｃが起きる。

　このような「三段論法」のストーリーを描けるかがポイントです。しかも、抜け穴がないように、１つひとつチェックする精密さが要求されます。

　経験やデータから、一般的なルールや共通な性質を導き出すことを**「帰納」**といいます。たとえば、**「雨が上がると虹が出る」**というのも、過去の経験から帰納したルールです。

　世の中は、「先行きが不透明だ」とよくいわれます。人間は、将来のことがわからないので不安になります。よくないことが起きるのではないか？　もしかしたら失敗するかもしれない……しかし、だからこそ、人間は工夫するのです。

　ただ漠然と、ぼーっと過ごすだけだと気づきませんが、着目点をまず決めて、検証することで、理解は必ず深まります。もし考えが間違っていても、軌道修正して行動に移せる「失敗上手な人」が、本当にかしこい人だといえるでしょう。

東大の問題は一見するとむずかしそうですが、手を動かしながらアレコレ考えると、おのずと解決の糸口が見つかるようになっています。**失敗を苦にしない人は、社会に出ても強いのです。**

　確率はまさにトライ＆エラーの世界です。単純な公式で問題が解けないからこそ、試行錯誤する体力も養われるのです。

　つまり、想定力が強化されるのです。

演習問題

Q. あなたがよく歩く道や通うお店を思い出してください。そこでよく目にするモノを、箇条書きでいいのでできるだけ多く書き出してみてください。たとえば、ペット、植物、看板、人の雰囲気……。

　書き出したら、それらの特徴を具体化しましょう。たとえば、「暖色系が多い」「水曜日になると家族連れが多い」「銀杏の木が26本ある」……。

　具体化できたら、その場所に実際に足を運び、検証しましょう。わかったことがあれば、さらなる仮説を立てて繰り返してみましょう。

- 暖色系が多い
- 水曜日になると家族連れが多い
- 銀杏の木が26本ある

HINT!

　出不精な人は、目を閉じて、自分の家の中にあるものを想像してみましょう。「あれはあそこにあったな」「あれは緑色だったな」くらいで十分です。実際にどれくらいの違いがあるのか知ってください。できれば誰かに口頭で説明してみましょう。　※解答は188ページ

第6時限

割り切るか、
割り切らないかが問題！

? 問題

サイコロを n 回振り、第 1 回目から第 n 回目までに出たサイコロの目の数 n 個の積を X_n とする。

(1) X_n が 5 で割り切れる確率を求めよ。
(2) X_n が 4 で割り切れる確率を求めよ。

(2003 年 理科前期 第 5 問改題)

▶解法の STEP

【STEP1】5 で割り切れる場合、5 で割り切れない場合の確率を調べる

【STEP2】確率の計算方法と余事象の扱い方

【STEP3】4 で割り切れる場合は？

【STEP4】組み合わせと数え方

与えられた条件を"見える化"する

解 答

(1) 5で割り切れるとは、n回中1回以上5の目が出る場合である。
このの余事象は、n回中1回も5の目が出ない場合である。

STEP1

この確率は、$\left(\dfrac{5}{6}\right)^n$であるので、求める確率は、

$$1 - \left(\dfrac{5}{6}\right)^n \quad \text{【答】}$$

STEP2

(2) 4で割り切れる場合の余事象は、

(ⅰ) 4が1回も出ず、2または6が1回だけ出るとき
(ⅱ) 4が1回も出ず、2または6も1回も出ないとき

STEP3

(ⅰ)の確率は、$_nC_1 \cdot \dfrac{2}{6} \cdot \left(\dfrac{3}{6}\right)^{n-1} = n \cdot \dfrac{1}{3} \cdot \left(\dfrac{1}{2}\right)^{n-1}$ ……①

STEP4

(ⅱ)の確率は、$\left(\dfrac{3}{6}\right)^n = \left(\dfrac{1}{2}\right)^n$ ……②

よって、求める確率は、$1 - (① + ②)$ なので、

$$1 - \left(\dfrac{n}{3} \cdot \left(\dfrac{1}{2}\right)^{n-1} + \left(\dfrac{1}{2}\right)^n\right) = 1 - \left(\dfrac{n}{3} + \dfrac{1}{2}\right) \cdot \left(\dfrac{1}{2}\right)^{n-1} \quad \text{【答】}$$

解　説

　求めるのは**割り切れる確率**です。割り切れるか割り切れないかという話は、第1時限の解説（20ページ）を参照してください。

　この問題の確率はサイコロを利用したものです。この手の問題は数学で非常によく出題されます。痛い目を見た受験生は少なくないでしょう。

　サイコロは誰もが知っているものなのでイメージはしやすいと思いますが、実は計算ミスを誘うワナがいくつもあります。そのワナの1つは、**使っている数が 1, 2, 3, 4, 5, 6 の6つだという点**です。「え？　こんなことが？」と疑問に思ったかもしれません。一見すると簡単に数えられるものを数学で扱う場合は、注意が必要なのです。

　1個のサイコロを1回だけ投げた場合なら簡単に数えられます。しかし、1個のサイコロを3回投げた場合をすべて数えるのは根気が必要です（**全部で216通りあります**）。

　数え方を少しでも見誤ると、見当違いな方向に進んでしまいます。そのためには、①**どれだけ具体化するか**、②**どれだけ調べる量を減らすか**を考えることが肝心です。

　では、X_n について具体的に考えていきましょう。

　サイコロを2回投げて 4, 5 が出たら、$X_2 = 4 \times 5$ と表わせます。

　サイコロを3回投げて 2, 3, 1 が出たら、$X_3 = 2 \times 3 \times 1$ と表わせます。

　条件をある程度、具体化したら、次に進みます。

$$X_3 = \boxed{\because} \times \boxed{\because} \times \boxed{\cdot} = 6$$

【STEP1】5で割り切れる場合、5で割り切れない場合の確率を調べる

5で割り切れるとは、5の倍数という意味です。かけ算をして5の倍数になるには、少なくとも1回は5の倍数が出る必要があります。

この「少なくとも1回」というのがポイントです。1～2回投げるならまだ調べられますが、10回投げて少なくとも1回5が出る場合を調べるのはほとんど不可能です（実際に数えてみると、5070万551通りという恐ろしい数になります）。

「逆」を考えましょう。「**余事象**」を調べるほうが早いからです。つまり、**「少なくとも1回出る」と逆の「1回も出ない場合」**を調べるほうが効率的なのです。

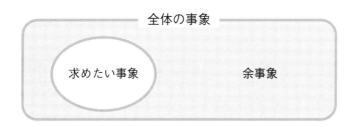

【STEP2】確率の計算方法と余事象の扱い方

ここでは数えていく確率なので、次の公式を利用しましょう。

$$【公式】求める確率 = \frac{知りたい情報の数・量}{全体の数・量}$$

サイコロを1回投げたときの全体の数（1, 2, 3, 4, 5, 6）は6通りで、「5の倍数でない場合」は1, 2, 3, 4, 6の5通りなので、

(1回投げて5の倍数にならない確率) $= \dfrac{5}{6}$

(2回投げて5の倍数にならない確率) $= \dfrac{5}{6} \times \dfrac{5}{6} = \left(\dfrac{5}{6}\right)^2$

(3回投げて5の倍数にならない確率) $= \dfrac{5}{6} \times \dfrac{5}{6} \times \dfrac{5}{6} = \left(\dfrac{5}{6}\right)^3$

(n回投げて5の倍数にならない確率) $= \left(\dfrac{5}{6}\right)^n$

となります。(n回投げて5の倍数になる確率)と(n回投げて5の倍数にならない確率)は正反対の関係ですから、

(n回投げて5の倍数になる確率) ＋

**　　　　(n回投げて5の倍数にならない確率) ＝ 1**

が成り立ちます。

式を変形させると、次のことが成り立ちます。

(n回投げて5の倍数になる確率)

**　　　＝ 1 －(n回投げて5の倍数にならない確率)**

※数学では、確率を分数で表わします。

20% → $\dfrac{1}{5}$　25% → $\dfrac{1}{4}$　50% → $\dfrac{1}{2}$　とくに、100% → 1 です。

【STEP3】4で割り切れる場合は？

5で割り切れるのは5の倍数。同様に、4で割り切れるのは4の倍数。

5の倍数は5が少なくとも1回出ればよい。4の倍数も4が少なくとも1回出ればよいのですが、次のパターンも考えなければなりません。

2が2回出ても、2 × 2 = 4になるのでOK．

6が2回出ても、6 × 6 = 36 = 4 × 9となるのでOK．

さらに、2が1回、6が1回出ても、2 × 6 = 12 = 4 × 3となるのでOK．

【STEP4】組み合わせと数え方

組み合わせを考える問題でたびたび登場するのが、次の文字式です。

（選べる数）C（選び出す個数）＝　組み合わせの場合の数

$_{10}C_1$とは、10個のうちから1つ選び出す組み合わせの場合の数。
$_5C_2$とは、5個のうちから2つ選び出す組み合わせの場合の数。
$_nC_1$とは、n個のうちから1つ選び出す組み合わせの場合の数。

計算方法は、以下で確認しましょう。

$$_nC_m = \frac{n \times (n-1) \times (n-2) \times \cdots \times (n-m+1)}{m \times (m-1) \times (m-2) \times \cdots \times 3 \times 2 \times 1}$$

$_{10}C_1 = \dfrac{10}{1} = 10$（通り）　　$_{10}C_2 = \dfrac{10 \times 9}{2 \times 1} = 45$（通り）

$_5C_2 = \dfrac{5 \times 4}{2 \times 1} = 10$（通り）　　$_6C_3 = \dfrac{6 \times 5 \times 4}{3 \times 2 \times 1} = 20$（通り）

この問題では、2または6がn回中1回出る場合を考えるので、$_nC_1 = n$を利用すると、73ページの解答になります。

まず、2択で考えることが必要

 数学的な考え方

　割り切れるかどうか調べる問題で身につく力は、文字どおり、**割り切る力**です。まず、第1歩を踏み出さなければ何も始まりません。**「できるか、できないか」「あるか、ないか」の2択を判断し、具体的に検証していくことがポイント**です。

　慎重で失敗を恐れる人ほど、この1歩に対するハードルが高いように思います。「周りの人が動いてからでないと始められない」「お手本がないとできない」と思い込んでいるのは、非常にもったいないことです。

　割り切る力が身につくと、瞬間的に物事を判断できるようになります。人は物事を複雑に考えがちです。1週間の計画を立てると、ほとんどの人が「やりすぎ」「多すぎ」「消化不良」に陥ります。

　夏休みの計画表をつくっても、ほとんど人は、計画をこなしたことがないと思います。でも、そこで重要なのは、**何から手をつけて何をあきらめるか、ぱっと決めてしまう**ことです。

　ここで必要となるのが、シンプルな「想定力」です。少し前、身の回りのものを少なくして整理する生活術のことで「断・捨・離」という言葉が流行っていました。ここで必要とされている判断基準に「使うもの／使わないもの」などがありますが、シンプルな判断で、「捨てるもの／捨てないもの」を判断すると効果があるといいます。

　部屋を掃除するときも、「これ使うかな？　う〜ん、ま、いっか。

使うかもしれないし、置いておこう」と悩んでいると、時間もかかりますし、片づけをする本来の目的からそれて、疲労感だけが残ります。

　物事は本質（本来の目的）を押さえて、想定力を働かせ、シンプルに判断したほうがよいことがたくさんあります。

　東大の問題は一見、複雑そうですが、行動する人にはシンプルで美しい世界を見せてくれます。複雑なものを複雑なままで終わらせず、ごちゃごちゃしていたものが、結論ではひと言で述べられるくらいシンプルになることがよくあります。まるで「ね？　考えるって楽しいでしょ？」と教えてくれるようです。

①迷ったらどちらかに決める（善し悪しは後から考える）
②見切りをつける（優先順位が低いものを見つけ、やらない）
③改めて主張を決める（最初に決めたことの改善案を考える）

第2章　柔軟な発想で解決策を見出す「想定力」の問題

演習問題

Q. スケジュール帳を確認したら、3つの用事を同じ時間に入れていることに当日、気づきました。このとき、どんな行動に出ますか？ 3つの用事の内容は次のとおりです。

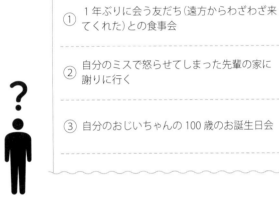

① 1年ぶりに会う友だち（遠方からわざわざ来てくれた）との食事会

② 自分のミスで怒らせてしまった先輩の家に謝りに行く

③ 自分のおじいちゃんの100歳のお誕生日会

HINT!

普通はない状況かもしれませんが、「優先順位をどうつけるか」、そして「どこで見切りをつけるか」がカギです。「あえて全部行かない」という人もいるかもしれませんが……。予定をズラすだけでなく、「何を守ることが重要か？」を考えるとよいでしょう。

※解答は189ページ

第7時限

成功確率を高める
とっておきの方法

問題

　ある駅前の土地が競売によって売り出されることになった。

　買い手は自分の買い値を紙に記入して、それを秘密にしたまま、入札箱に投入するものとする。買い手が入札を終えた後、売り手は入札箱を開けて、一番高い値をつけた買い手に、その人がつけた買い値でこの土地を売ることにする。一番高い買い値をつけた買い手が複数いる場合は、その中から公平なくじ引きで選ばれた一人に売ることにする。

　A氏は、この土地を用いた事業を行なうことでa億円の利益が得られるとする。つまり、競売に参加してx億円で土地を買うことができたとすると、A氏の利益は$a-x$億円になる。土地を買えなかった場合は、事業の利益も土地購入代も発生しないので、A氏の利益は0円と考える。aは2から10までのある整数であるとする。

　この競売に、A氏の他にもう一人の買い手（B氏）が参

加しているとする。買い値は、1億円単位でつけなければならないものとする。B氏のつける買い値を y 億円とし、y は 1 から 10 までの整数を等しい確率でとるものする。

　利益の期待値を最大にするためには、A氏はいくらの買い値をつければ良いか、a を用いて表わせ。

(2010年　理科Ⅲ類を除く後期　第2問改題)

▶解法のステップ

【STEP1】期待値の基本的な計算方法は？

【STEP2】競売で勝つ確率（文章から読み取れるルール）とは？

【STEP3】期待値の計算と最大値の関係は？

【STEP4】整数で表わせない値を整数で表わす

期待値の計算は想定力の結晶

解　答

求める利益の期待値は、

$(a - x) \times$（土地を落札する確率）

である。ここで、x の条件を考える。$x \geq a$ のときは、題意より利益 0 であるので、$1 \leq x < a$ を満たす整数として以下、考えるものとする。

STEP1

(i) $y = x$ のとき

A 氏の買い値と B 氏の買い値が同じ値段になる確率は $\frac{1}{10}$ であり、公平なくじ引きで選ばれる確率は、A 氏が選ばれるか B 氏が選ばれるかの 2 択なので、$\frac{1}{2}$ である。

よって、求める確率は、$\frac{1}{10} \times \frac{1}{2} = \frac{1}{20}$

(ii) $y < x$ のとき

B 氏が $1 \leq y \leq x - 1$ の範囲で y を出す確率は $\frac{x-1}{10}$ である。

STEP2

(i)(ii)は同時に起きないので、土地を落札できる確率は、

$$\frac{1}{20} + \frac{x-1}{10} = \frac{2x-1}{20}$$

求める利益の期待値は、

$$(a-x) \times \frac{2x-1}{20} = -\frac{1}{10}(x-a)\left(x-\frac{1}{2}\right)$$

最大になる x は、$x = \dfrac{a+\dfrac{1}{2}}{2} = \dfrac{2a+1}{4}$ である。

ここで、a は $2 \leq a \leq 10$ を満たす整数なので、

STEP3

$x = \dfrac{2a+1}{4}$ は整数にならない。しかし、x は整数で表わす必要があるので、$x = \dfrac{2a+1}{4}$ に最も近い整数値を調べる。

STEP4

(ア) a が偶数のとき、$a = 2m$（m は整数）と表わすと、

$$x = \frac{4m+1}{4} = m + \frac{1}{4}$$

つまり、最も近い整数は、$x = m = \dfrac{a}{2}$

(イ) a が奇数のとき、$a = 2l + 1$（l は整数）と表わすと、

$$x = \frac{4l+3}{4} = l + \frac{3}{4}$$

つまり、最も近い整数は、$x = l + 1 = \dfrac{a+1}{2}$

以上より、求める A 氏の買い値 x の値は、

$$\begin{cases} \dfrac{a}{2} \ (a \text{ が偶数}) \\ \dfrac{a+1}{2} \ (a \text{ が奇数}) \end{cases}$$ 【答】

解 説

　求めるのは**期待値の最大値**です。テーマは「競売で儲ける方法」です。

　他に類を見ない設定なので、初めて見る人は面食らうかもしれません。東大後期の問題は、この問題のように文章量が多く、条件設定が困難なものばかりです。しかし、読み解いてみると、高校1年生で習った内容でも十分解けるような基本的な性質に関して出題されていることが多いのです。

　期待値は「期待」と書くのでよいイメージがあるかもしれませんが、**悪いことも含まれています**。何かを試したときにどんな結果になりやすいか、それを示したのが期待値です。

　たとえば、100円くじを引くとき、賞金の期待値が200円だとわかれば200 − 100 = 100なので、100円分儲かる可能性が高く、賞金の期待値が50円だとわかれば50 − 100 = − 50円なので、50円損する可能性が高い……。

　この問題では、まず適切な金額を提示しないと、将来の事業で得られる利益も0以下になってしまうので、条件をよく考えましょう。

　もし最高金額を提示できても、同じ金額を出した人がいたら、さらにくじ引きで勝たなければなりません。そういった意味で条件をどう設定するか、見ていきましょう。

【STEP1】期待値の基本的な計算方法は？

　期待値は、何かを試したときに得られる結果で、平均して得られる値です。たとえば、調べたら8個の結果があり、それぞれの結果

になる確率を（確率1）、（確率2）、…、（確率8）と表わすと、期待値は次のようになります。

期待値
＝（結果1）×（確率1）+（結果2）×（確率2）+…+（結果8）×（確率8）

例1 100円得られる確率が$\frac{1}{2}$、200円得られる確率が$\frac{1}{2}$であるとき、

期待値 = $100 \times \frac{1}{2} + 200 \times \frac{1}{2} = 150$ 円

例2 0点の確率が$\frac{1}{4}$、50点の確率が$\frac{1}{2}$、100点の確率が$\frac{1}{4}$であるとき、

期待値 = $0 \times \frac{1}{4} + 50 \times \frac{1}{2} + 100 \times \frac{1}{4} = 50$ 点

【STEP2】競売で勝つ確率（文章から読み取れるルール）とは？

まず、A氏がB氏と買い値が一緒だった場合を考えましょう。A氏の買い値がx、B氏の買い値がyなので、次のことがわかります。

$x = 1$のときは、$y = 1$で、確率は$\frac{1}{10}$です。

$x = 2$のときは、$y = 2$で、確率は$\frac{1}{10}$です。

$\vdots$

$x = 10$のときは、$y = 10$で、確率は$\frac{1}{10}$です。

※厳密にいえば、$x = a - 1$のときまでを考えますが、計算式のわかりやすさを優先しました。

つまり、$x = y$ となる場合の確率は、すべて $\frac{1}{10}$ が成り立ちます。

さらに、公平なくじで A 氏が B 氏に勝つ確率は、$\frac{1}{2}$ です。

よって、$x = y$ となる確率とくじで勝つ確率を組み合わせた

$$\frac{1}{10} \times \frac{1}{2} = \frac{1}{20}$$

が、A 氏が B 氏と買い値が同じで、くじ引きで勝つ確率です。

次に、A 氏の買い値のほうが B 氏より高い場合を考えましょう。

$x = 1$ のときは、y は解なしなので、確率は 0 です。

$x = 2$ のときは、$y = 1$ だけで、確率は $\frac{1}{10}$ です。

$x = 3$ のときは、$y = 1, 2$ で、確率は $\frac{2}{10}$ です。

$$\vdots$$

$x = 10$ のときは、$y = 1, 2, 3, 4, 5, 6, 7, 8, 9$ で、確率は $\frac{9}{10}$ です。

つまり、A 氏の買い値のほうが高くなる確率は $\frac{x-1}{10}$ です。

以上から、A 氏が競売で勝つ確率は、

$$\frac{1}{20} + \frac{x-1}{10} = \frac{2x-1}{20}$$

となります。

【STEP3】期待値の計算と最大値の関係は？

x 億円で落札し、利益は $(a - x)$ 億円です。競売で勝つ確率は $\frac{2x-1}{20}$ なので、これをかけ算すれば期待値は求められます。

期待値 $= (a - x) \times \dfrac{2x - 1}{20} = -\dfrac{1}{20}(x - a)(2x - 1)$

$\phantom{期待値 = (a - x) \times \dfrac{2x - 1}{20}} = -\dfrac{1}{10}(x - a)\left(x - \dfrac{1}{2}\right)$ ……Ⓐ

この最大の求め方は以下のとおり。

※ここで、$-(x - t) \times (x - s)$ という形になっている関数は、

$x = \dfrac{t + s}{2}$ のとき、最大値になります。図示すると次のようになります。

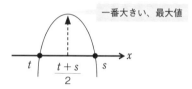

では、Ⓐに戻ると、

$-\dfrac{1}{10} \times (x - a) \times \left(x - \dfrac{1}{2}\right)$ なので、

最大になるのは、$x = \dfrac{a + \dfrac{1}{2}}{2} = \dfrac{2a + 1}{4}$ のときです。

【STEP4】整数で表わせない値を整数で表わす

x は1億、2億、3億というように整数で表わされる値です。

しかし、最大値を考えたときに、$x = \dfrac{2a + 1}{4}$ であると、先ほどの結果でわかりました。

$a = 2$ のとき、$x = \dfrac{4 + 1}{4} = \dfrac{5}{4}$

$a = 3$ のとき、$x = \dfrac{6 + 1}{4} = \dfrac{7}{4}$

$a = 4$ のとき、$x = \dfrac{8 + 1}{4} = \dfrac{9}{4}$

$a = 5$ のとき、$x = \dfrac{10 + 1}{4} = \dfrac{11}{4}$

$\vdots$

$a = 10$ のとき、$x = \dfrac{20 + 1}{4} = \dfrac{21}{4}$

調べてみると、a がどの値でも、x は整数にはなりません。そこで、**「整数 x の中で最大値に一番近い整数を使う」** という発想になります。たとえば……。

$\dfrac{3}{4}$ なら、0 と 1 の間にある数字で、0 よりも 1 のほうが近い。

$\dfrac{5}{4}$ なら、1 と 2 の間にある数字で、2 よりも 1 のほうが近い。

このように調べていくと、買い値 x 値は以下になります。

$a = 2$ のとき、$x = 1$

$a = 3$ のとき、$x = 2$

$a = 4$ のとき、$x = 2$

$a = 5$ のとき、$x = 3$

$a = 6$ のとき、$x = 3$

$a = 7$ のとき、$x = 4$

$a = 8$ のとき、$x = 4$

$a = 9$ のとき、$x = 5$

$a = 10$ のとき、$x = 5$

期待値を上げたければ、まず敵を知ること

数学的な考え方

　期待値を学んで一番身につけたい力は**実現可能性の高め方**です。実現可能性というのは、いまより先、将来に対する見通しのことですから、ここで語られるのは「想定力」ということになります。しかも、数学では確率と期待値をデータとしてはっきり計算することができます。

　すると、思い込みとの違い、データに裏打ちされた実現可能性が見えてきます。

　たとえば、何かの試験を受けるときに「合格率1％です」と言われたら、皆さんはチャレンジしますか？　ほとんどの人がしないでしょう。「この試験はむずかしいから、私には無理！」と考える人がほとんどだと思います。

　しかし、**本質的にはその考え方は誤っています。**

　もし、受験生は小学1年生なのに中学で習う数学の問題を出題したものだったら？　合格率が1％だったとしても、それは当然でしょう。つまり、対象者をきちんと調べず、どんな問題が出るかを知らず、何となく「きっと無理だ」と決めつけることが、どれだけバカげているか、ということです。

　また、「東大に行くなんて無理！」と言う人の90％以上が、これまでに一度も過去問を見たことがありません。

　さらに毎年、何人が東大に合格しているかも知りません。

　実は、東大には毎年約**3000人**が合格しています。大学院生も

入れると、もっと多いわけです。ご存じなかった人は、「意外と多いな……」という印象を持ったのではないでしょうか。

　重要なのは**相手を知り、「何が必要か？」「いつまでに必要か？」「どうすればできるか？」を考える**ことです。そうすれば、現時点での成功の確率も高まります。期待値も変化させることができ、実現可能性も増します。目標が"見える化"できると、やる気にも好影響が出ます。

　そういうふうに、いまの実力と将来、必要な実力を比較することでやることを明確にしていくと、人はどんどん成長していけるのです。

　皆さんの実現性を最大限に高める方法は、きっと見つかります。

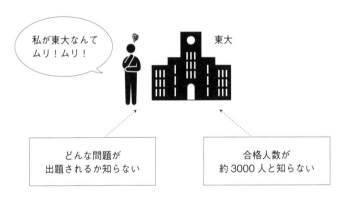

ムリと思い込んでいると成長しない！

①データを集める（相手を知る）
②必要なことを自覚する（何が、いつまでに必要かに気づく）
③成功するイメージを持つ（明確化した目標に向かって行動する）

演習問題

Q. 日本の宝くじでは、売上の何%が当選金にあてられているかを予想してください。1等6億円など、超高額当選金が用意されている身近な宝くじで考えます。宝くじを運営するうえで、どんなところにお金がかかっているかイメージしてみましょう。

予想したら、インターネットで「宝くじ　還元率」と入力し、検索してみてください。結果がわかります。

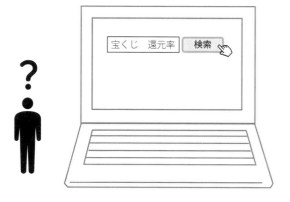

HINT!

予想するのがむずかしい場合、それに伴う情報に目を向けることが重要です。たとえば、宝くじのCMを観たことがありますか？有名な芸能人を起用し、バンバン放送されています。「それだけ広告費をかけられる余裕があるのは……」と、こんなふうに考えるとよいですね。「すぐに検索して答えを調べる」のではなく、材料探しは欠かせません。

※解答は190ページ

第8時限

課題に合わせて
最適化するためには？

? 問題

　重さが 1, 2, …, N グラムのいずれかであることがわかっている物体があり、天秤を使ってこの物体の重さ x グラムを決定したい。ここで N は 2 以上の整数である。天秤は、1 回の計測ごとに、任意に指定した整数値 k （ただし $1 \leq k \leq N-1$）に対して、$x \leq k$ と $x \geq k+1$ のどちらが成り立つかだけを判定できる。天秤を用いる回数がなるべく少なくてすむような方法で物体の重さ x を決定したい。

　A さんの方法は、まず $k=1$ として、$x \leq 1$ であるか $x \geq 2$ であるかを判定する。もし前者であれば、$x=1$ となり、x の値が決まる。もし $x \geq 2$ であれば、次に $k=2$ として、$x=2$ であるか $x \geq 3$ であるかを判定する。このようにして、k の値を一番小さいものから 1 ずつ上げていって、最終的に x を決定するやり方である。

(1) Aさんの方法で x を決定するのに必要な天秤の使用回数の最大値を N で表わせ。

(2) $1 \leq k \leq N$ を満たすすべての整数 k に対して、$x = k$ である確率が $\dfrac{1}{N}$ であるとする。このとき、Aさんの方法で x を決定するのに必要な天秤の使用回数の期待値を N で表わせ。

(2012年　理科Ⅲ類を除く後期　第1問改題)

▶解法のステップ

【STEP1】Aさんの方法を詳しく見てみる

【STEP2】一番重い条件を考える

【STEP3】期待値の計算と合計値の公式とは？

(考える範囲を狭めれば、解法が見える)

解　答

(1) Aさんの方法は、xがk以上かk以下かのみ判定でき、これを$k = 1$グラムから1つずつ調べる方法なので、

----STEP1

$x = N - 1$のときに最大で、$(N - 1)$回使用する。
また、$x = N$のときも、$(N - 1)$回の使用で判定できる。

----STEP2

以上より、Aさんの方法での使用回数の最大値は$N - 1$　【答】

(2) (1)より、求める期待値は、

$$\sum_{m=1}^{N-1} m \cdot \frac{1}{N} + (N - 1) \cdot \frac{1}{N}$$
$$= \frac{1}{N} \left\{ \sum_{m=1}^{N-1} m + (N - 1) \right\}$$
$$= \frac{1}{N} \left\{ \frac{1}{2}(N - 1) \cdot N + (N - 1) \right\} \quad *$$

----STEP3

$$= \frac{(N - 1)(N + 2)}{2N} \quad 【答】$$

解　説

　求めるのは**使用回数の評価**です。天秤を使って重さを測るのは、小学生のときにも学習する内容です。文章にするとわかりづらいかもしれませんが、取り組みやすいテーマです。

　ただ、注意したいのは「最も測る回数を少なくする方法」を考えるのではなく、「最も測る回数を**多くする場合**」を考える点です。

　Aさんの方法は、「**この天秤を使えば、物体の重さがある値以上に重いか、それより軽いかを判定できる**」という意味です。たとえば、物体の重さが4グラム以上か、3グラム以下かを判定できるということです。

　仮に、このときに4グラム以上だとわかり、さらに4グラムと比べて、物体が4グラム以下だと判定できたとします。4グラム以上4グラム以下ということは、物体の重さはちょうど4グラムだとわかります。

　このように実験をして、徐々に答えの範囲を狭めていく地道な作業が求められます。少し面倒な作業でも、1つひとつ課題をこなす力も東大では求めているのです。

【STEP1】Aさんの方法を詳しく見てみる

　物体の重さは、$1 \sim N$グラムの中のいずれかです。

　1グラム以下とは「1グラムも含む」という意味なので、**物体の重さが1グラムだと決定できる**ということです。

　物体が2グラムより重かったら、比べる重さを3グラムに換えて判定し直します。そして、また3グラムより重かったら、比べる重

さを4グラムに換えます。

このように、1グラムずつ重さを段階的に換えるのがAさんの方法です。

たとえば$N = 3$なら、比べる重さは全部で1グラム、2グラムの2通りです。

まず、1回目は、1グラムと比べて、xは2グラム以上だとわかったとします。

次に、2回目は、2グラムと比べて、xは2グラム以下だとわかったとします。

この時点で、$x = 2$だと決定します。

まとめると、$N = 3$なら、$3 - 1 = 2$回調べると必ずわかります。

これを一般的に書くと、次のようになります。

xの重さが1, 2, 3, …, $(N - 1)$グラムの場合、$(N - 1)$回調べると必ずわかります。

【STEP2】一番重い条件を考える

$x = N$の場合を調べてみましょう。

Aさんの方法は、一番軽い1グラムから順々に増やしていくので、一番重い場合は、判定するまでの時間がかなりかかります。

実際に調べると、**$(N - 1)$回天秤を使うとすべて「その比べた物よりも重い」**という結果になります。

実際、xと1グラムを比べてxが重い、2グラムと比べてxが重い、…、$(N - 1)$グラムと比べてxが重いとなるので、xは結局残った$x = N$グラムだと決定できるわけです。

ここで、「N回使わないと決断できない！」と思った人は要注意

です。

【STEP3】期待値の計算と合計値の公式とは？

期待値の計算は、第7時限の解説（85ページ）を参考にしてください。

問題文にある「$1 \leq k \leq N$ を満たすすべての整数 k に対して、$x = k$ である確率が $\dfrac{1}{N}$ であるとする」というのは、**調べたい物体の重さが1グラムになる可能性も、2グラムになる可能性も、…、N グラムになる可能性も同じ**、という意味です。

たとえば、3グラムになる可能性だけ高い、といった偏(かたよ)りは起こらないわけです。

ここで期待値を計算したいわけですが、複雑な計算をする際に便利なのが次の和の公式です。

$$\text{【公式】}\quad 1 + 2 + 3 + \cdots + N = \sum_{k=1}^{N} k = \frac{N(N+1)}{2}$$

これは、数学でたびたび登場する計算式で、苦手な人が見ると絶叫するかもしれません。

こむずかしい説明は抜きにして、この公式を使うと、95ページの解答の＊の計算ができます。

（　　最適化とは妥協することではない　　）

数学的な考え方

　省エネやエコなどの用語は広く一般的なものとして使われます。それだけにとどまらず、「一番お金をかけずに、最短ルートで」といった話は、大人にとっても子どもにとっても身近なテーマです。このように、人は日常生活のいろいろな場面で、自然と**「最適化」**の思考を行なっています。

　人は生活する中で、「より効率的に」「より楽に」「より安全に」と考えます。そして、この**最適化の連続で、人は、これまで文明を築いてきたともいえます。**

　では、数学的な最適化とはどういうことで、それを評価するには何が必要なのか──。

　1つの答えが出たとしても、「もっとよい方法があるのでは？」と疑問を持ち、工夫すると次の世界が見えてきます。

　スポーツの世界でも、音楽の世界でも、**人は工夫をし、次の世代につなげてきています。**よい変化なのか悪い変化なのかは別として、そういうふうに私たちは成長し、生きてきました。

　成長はどこかで止まってもよさそうですが、いまも日々進歩していこうとしていきます。なぜでしょうか？　単純に効率化・最適化を求めているだけなら、そんなふうに考えないはずです。

　実は、最適化は「妥協」ではありません。状況に応じて、最適な案を導くという考え方です。しかし、数学でいう最適化は少々違います。数学的に導かれる最適化は、提示された条件を満たす最良の

考え方のことです。しかもこの最良の考え方は、未来に向かってどんどん新しくなっていく可能性を秘めています。

そこには、**追い求める「楽しさ」があるから**だと私は思います。まだ見ぬ世界にたどり着きたい、そんな好奇心を注がれるものがあります。それが、成長の大きな原動力になります。そして、新たに見つかった考え方が最良であるかどうかの検証も必要です。検証できなければ、その考え方が最良かどうかはわかりません。最良かどうかを判断するには、条件と照らして、また、それ以前の考え方と照らして、よくなっているかどうかを見る必要があります。当然、「あるべき結論」（想定した最適化）を満たしているかどうかも判断の基準に加わります。

そして、よりよいものを求める際に最も重要なのは、**徹底的な基本の理解**です。どんな構造をしているか、どんな性質を持っているか、過去の人たちはどうやって取り組んでいたかを知ることです。ここに尽きます。

えてして、突拍子もない発想をする人たちを「天才」と呼びますが、彼らは**基本に忠実**です。数学の模試で全国1位になった私の生徒も同じで、基本に忠実でした。

基本を徹底的に繰り返していると、ある瞬間に従来の方法が野暮ったく感じてきます。ここにすでに、最適化の思考が芽生えています。数学を解いていると、顕著にそれを実感できるはずです。いままで、ノートに20行も計算式を書かなければ答えられなかった問題が、たった3行で完結できるということはざらにあります。それは、単純に計算力がついただけではありません。**最小限の材料で最大限の成果を発揮しようとする最適化の考え方ができるようになったからです。**

以前行なっていた解法との違いに気づけば、それはそのまま最適化の評価にもつながります。そうなってくると、少しくらいひねった問題でも難なく解決できます。

　「マイナス×マイナス＝プラスになるのはなぜ？」「1 + 1 = 2になるのはなぜ？」「三角形の面積が、底辺×高さ÷2になるのはなぜ？」……そんな当たり前のことがなぜ成り立っているのか、徹底的に考える。そして、より洗練された形に磨いていく。そういう姿勢が、どんな状況にも対応できる力を育てるのです。

「当たり前」を考える重要性

①当たり前なことに向き合う（自分が使っている言葉の意味を考える）
②過去の人たちの取り組み方を知る（課題点や本質を知る）
③工夫する楽しみを味わう（次につなげる原動力とする）

演習問題

Q. 遠足に持っていくおやつを300円分買いたい。最も満足できるように買い物をするにはどうすればいいか？　買える物は次のとおり。

商品名	満足度	金額
①チョコ棒1本	15ポイント	50円
②アメ1個	10ポイント	30円
③ポテトチップス1袋	35ポイント	100円
④フィギュア付きラムネ1箱	65ポイント	180円
⑤ガム1箱	25ポイント	80円
⑥ドーナツ1袋	40ポイント	130円

HINT!

満足度を高めることが問題です。しかし、単純に満足度を上げるだけの話なら、それほどむずかしくはありません。それを買って遠足の当日、満足できるだろうか？　そういった生身の人間の心理まで考えたうえで取り組んでみましょう。

※解答は191ページ

第3章
全員を納得させる説明をする「論証力」の問題

GUIDANCE

東大が求めている「論証力」とは何か?

■ 全員を納得させる説明をするために

全員を納得させる説明をする——。数学で身につけられる力の1つです。

数学の問題は、あらゆる状況を考え、主張が成り立つように記述しなければなりません。しかも一分の隙も許されないので、中途半端に説明しても完全解決には至りません。できる人は、この**論証力**が優れています。

次の例で考えてみましょう。

ハンバーガーを販売している店はカツ丼を販売していない。この命題が正しいならば、次のうち必ず正しいのはどれか?

①カツ丼を販売していない店は、ハンバーガーを販売している。
②ハンバーガーを販売していない店は、カツ丼を販売している。
③カツ丼を販売している店は、ハンバーガーを販売していない。

※あくまで、この命題が絶対に正しいと仮定した場合の話です。両方販売している店があるかどうかは、ここでは考えないでください。

さて、どれを選びましたか？ 「全部正解では？」という人もいたかもしれませんが、**正解は③だけ**です。

①の場合、カツ丼を販売していない店だからといって必ずしもハンバーガーを販売しているわけではありません。これは感覚的にも理解できるはずです。ガソリンスタンドや携帯ショップではカツ丼を販売していませんし、もちろんハンバーガーも販売していません。この①の言い方を、数学では**命題の「逆」**と呼びます。逆は必ず成り立つわけではありません。

逆

命題 $p \Rightarrow q$ に対して、「$q \Rightarrow p$」のこと。

裏

命題 $p \Rightarrow q$ に対して、「$\bar{p} \Rightarrow \bar{q}$」のこと。

対偶

命題 $p \Rightarrow q$ に対して、「$\bar{q} \Rightarrow \bar{p}$」のこと。

②の場合、ハンバーガーを販売していない店だからといって必ずしもカツ丼を販売しているわけではありません。これは①で述べたことと同じ理由です。この②の言い方を、数学では**命題の「裏」**と呼びます。裏は必ず成り立つわけではありません。

③の場合、カツ丼を販売している店でハンバーガーを販売していれば命題に矛盾します。ですから、③は正解です。この③の言い方を、数学では**命題の「対偶」**と呼びます。命題が成り立っていれば、対偶も必ず成り立ちます。

■ 東大の入試では、論証問題が必ず出題される

このような論証の原理を用いることで、さまざまな議題の真偽を調べることができます。この例題で挙げたような感覚的に理解できる問題から、まずは証明方法の型（パターン）を身につけましょう。

他の人が見て、「この場合は調べていないじゃないか」と指摘されないためには、自分の説明を入念に確認する必要があります。

東大の入試では、必ず論証問題が出題されます。なぜかといえば、大学で学ぶうえで重要なスキルだからです。

大学では、各々が研究室に配属されて、教員と少人数の学生で議論を交わします。この形式の学習をゼミナール（略してゼミ）と呼びます。ここでは、自分が学んだり調べたりしたことを発表するのですが、ノートに書いてあることをただ読んでいると痛い目に遭います。教員から、答えに行き着いた経緯を質問されたり、つじつまが合わないと指摘されたりします。論証する力を持ってない人は、太刀打ちできません。

このゼミの形式は、何も東大だけに限ったものではありませんが、

東大は上っ面なことだけ考える人を求めてはいません。自分で見つけた課題を掘り下げて調べ、さらに追究する姿勢を持った人を求めています。

■ まずこれを解いてみよう

では、実際に東大が求める論証力とはどんなものか、本章を始める前に、まずお読みください。

> 【例題】
> 「2桁の数に対し、10の位の数と1の位の数の和が奇数になる場合は、10の位の数と1の位の数は一方が偶数で他方が奇数である」を証明しなさい。

「感覚的に正しい」と言えそうな人も、論理立てて説明できるでしょうか?

証明する前に、まず実際に成り立っているか、具体的な数字を使って調べてみましょう。

「23」という2桁の数の場合、10の位の数は2(偶数)、1の位の数は3(奇数)です。これらの和は、2 + 3 = 5(奇数)です。和が奇数なので、10の位の数と1の位の数を見てみると、一方が偶数で他方が奇数となっています。つまり、証明したい内容と一致しています。

「55」という2桁の数の場合、10の位の数は5(奇数)、1の位の数は5(奇数)です。これらの和は、5 + 5 = 10(偶数)です。証明したい前提条件(和が奇数)を満たさないので、この場合は調べ

る必要がないことがわかりました。

「42」という2桁の数の場合、10の位の数は4（偶数）、1の位の数は2（偶数）です。これらの和は、4 + 2 = 6（偶数）です。証明したい前提条件（和が奇数）を満たさないので、この場合は調べる必要がないことがわかりました。

「54」という2桁の数の場合、10の位の数は5（奇数）、1の位の数は4（偶数）です。これらの和は、5 + 4 = 9（奇数）です。和が奇数なので、10の位の数と1の位の数を見てみると、一方が偶数で他方が奇数となっています。つまり、証明したい内容と一致しています。

さて、同じように2桁の数すべてを1つひとつ調べてもいいのですが、さすがに手間がかかりすぎます。そこで、工夫が必要になるわけです。

2つの数の和が奇数となるのは、どんな場合か一般論で考えてみましょう。

パターン①：
偶数（2, 4, 6, 8）＋奇数（1, 3, 5, 7, 9）
　　　　　　　　　＝必ず奇数（3, 5, 7, 9,…,15, 17）
パターン②：
奇数（1, 3, 5, 7, 9）＋奇数（1, 3, 5, 7, 9）
　　　　　　　　　＝必ず偶数（2, 4, 6, 8, 10,…, 16, 18）
パターン③：
偶数（2, 4, 6, 8）＋偶数（0, 2, 4, 6, 8）
　　　　　　　　　＝必ず偶数（2, 4, 6, 8,…,14, 16）

パターン④：
奇数（1, 3, 5, 7, 9）＋偶数（0, 2, 4, 6, 8）
　　　　　　　＝必ず奇数（1, 3, 5, 7, 9,…,15, 17）

　以上から、2つの数字の和が奇数になるのは、**パターン①または
パターン④の場合だけです。つまり、2つの和が奇数になるのは、
一方が偶数で他方が奇数の場合だけです**。これは、証明したい内容
と一致します。よって、これで証明が完了しました。

パターン①　　偶　＋　奇　＝　奇

パターン②　　奇　＋　奇　＝　偶

パターン③　　偶　＋　偶　＝　偶

パターン④　　奇　＋　偶　＝　奇

　論証は、自分1人で完結するとどうしても見落としが出てきます。
大学のゼミでも行なうように、自分が正しいと思う説明を周囲の人
にもしてみましょう。自分の論証の穴を指摘されたり、反証を受け
たりできるはずです。論証力を高めるためには必要です。
　まずは本章で**論証力**を磨いて、どんな立場の人に対しても**納得感
を与えられる**人に成長しましょう。

第9時限

反論を避けることは不可能である

? 問題

n を2以上の整数とする。自然数（1以上の整数）の n 乗になる数を n 乗数と呼ぶことにする。このとき、連続する2個の自然数の積は n 乗数でないことを示せ。

(2012年　理科前期　第4問)

▶解法のステップ

【STEP1】言葉を1つひとつ整理する

【STEP2】連続する2つの自然数と n 乗数との関係を知る

【STEP3】式展開の公式と一刀両断の評価

「矛盾」は証明で使える

解　答

連続する2つの自然数を $k, k+1$ とおくと、k と $k+1$ は互いに素である。このことから、$k(k+1)$ が n 乗数だと仮定すると、k も $k+1$ も両方ともに n 乗数でなければならない。

STEP1

よって、$k = a^n$、$k + 1 = (a + b)^n$（a, b は自然数）……①とおく。

ちなみに、$(k + 1) - k = 1$ ……②は明らか。

STEP2

$$\begin{aligned}(k + 1) - k &= (a + b)^n - a^n \quad (\because ① より) \\ &= (a^n + na^{n-1}b + \cdots) - a^n \\ &= na^{n-1}b + \cdots \\ &\geq n \quad (a, b \text{ は自然数より}) \\ &\geq 2 \quad \cdots\cdots ③\end{aligned}$$

STEP3

②より、③の結果は矛盾する。

ゆえに、$k(k+1)$ は n 乗数ではない。【証明終】

解　説

　求めるのは「ないこと」の証明です。「ないこと」を説明するには、あらゆる場合を考えて、「どう考えてもありえない！」と言い切らなければなりません。

　「あること」を説明するには、1つでも例を見つけることができればいいので、比較的簡単です。

　東大の理科の入試問題では、必ずといっていいほど証明が出題されます。

　文科でも、よく出題されます。なぜ文科の人に数学を課すかというと、日本語や英語だけでなく、言語を越えて（数式でも）説明できる力を求めているからです。

　証明には「予想される反論」を考えることが必須です。単純に自分の考えだけを相手に伝えても、納得や共感は得られません（その力の鍛え方は138ページの第12時限で説明します）。

　証明が苦手な人には陥りやすい症状があります。それは、問題文を何となく読んで、何から手をつけたらいいかわからなくなることです。

　全体を見ることはたしかに大切ですが、この手の問題を解く際には注意が必要です。ですから、1つひとつの言葉を理解しているか、書き出してみましょう。最初は間違っても大丈夫です。失敗を繰り返して初めて「できる」ようになるからです。それがスタートの上手な切り方です。

　まずは型づくりと思って、模範解答や解説を習い書きすることをおすすめします。

【STEP1】言葉を1つひとつ整理する

「自然数（1以上の整数）の n 乗になる数を n 乗数と呼ぶことにする」とは、たとえば**「ある自然数を2、$n = 3$ とすると、2^3 と書いたものが3乗数です」**という意味です。

例 $2^3 = 2 \times 2 \times 2$（2を3回かけ合わせたもの）

「連続する2個の自然数の積」とは、たとえば**「4と5、7と8など、隣同士の数（0と負の数を除く）のかけ算」**という意味です。つまり、4×5 や 7×8 などです。4と8は隣同士ではないので、連続していません。

「連続する2個の自然数の積は n 乗数でないことを示せ」とは、**「隣同士のどの自然数のかけ算も n 乗数にならないことを証明しなさい」**という意味です。5×6 は n 乗数でない、8×9 も n 乗数でないわけです。

「○○でないことを証明」するには、**「背理法」**を用いることがよくあります。これは「もし、○○がある場合は？」と考え、矛盾を見つける方法です。

まず、この問題では「もし、連続する2つの自然数が n 乗数だったら……」と考えてみます。k という数の次は $k + 1$ なので、$k \times (k + 1)$ が n 乗数であると仮定して話を進めます。

次に、非常に重要な用語である「互いに素」について。互いに素とは、「2つの数字が1と−1以外に共通な約数を持たない」という意味です（21ページ参照）。

たとえば4と6は、$4 = \mathbf{2} \times 2$、$6 = \mathbf{2} \times 3$ となり、**2**が共通する

ので、互いに素ではありません。4と9は、4 = 2 × 2、9 = 3 × 3 となり、1と－1以外に共通する約数がないので、互いに素です。同様にすると、連続する自然数は、共通する約数がないので、互いに素です。もし、連続する自然数が2を共通な約数として持てば、連続する2数の差も2を約数として持つことになります。しかし、連続する2数の差は1なので、矛盾します。共通な約数が3, 4, 5, …のときも同様です。

【STEP2】連続する2つの自然数とn乗数との関係を知る

n乗数とは、同じ数をかけ合わせたものであるとすでに説明しました。$k(k + 1)$がn乗数と仮定した場合、問題文より、

$k(k + 1) =$（ある自然数）^{n}

と表わせるはずです。しかし、kと$k + 1$は互いに素ですから、共通な約数が1と－1以外にありません。

もし、$k(k + 1) = 6^n$と表わしたとすると、6 = 2 × 3と分解できるので、kと$k + 1$はどちらかが2を約数に、他方が3を約数に持っているはずです。

とするならば、$6^n = 2^n × 3^n$なので、$k = 2^n$、$k + 1 = 3^n$というように両方ともn乗数で表わさなければなりません。以上をまとめると……。

連続する自然数の積$k(k + 1)$がn乗数だとすると、その2つの数は互いに素であり、さらにその2つの数は両方ともn乗数で表わせます。ですから、それぞれを$k = a^n$、$k + 1 = (a + b)^n$と表わして（もちろん、$a, a + b$は互いに素です）、話を進めましょう。

【STEP3】式展開の公式と一刀両断の評価

次の公式を見てみましょう。

$$(a + b)^n = \underline{a^n + na^{n-1}b} + \frac{n(n-1)}{2}a^{n-2}b^2$$
$$+ \frac{n(n-1)(n-2)}{3 \times 2}a^{n-3}b^3 + \cdots$$
$$\cdots + \frac{n(n-1)(n-2)}{3 \times 2}a^3b^{n-3} + \frac{n(n-1)}{2}a^2b^{n-2}$$
$$+ nab^{n-1} + b^n$$

この問題で用いるのは波線部分だけです。大ざっぱな見方なので「これでいいの？」と思われるかもしれませんが、十分です。計算できることが重要なのではなく、数を評価することが目的です。

$(a + b)^n \geqq a^n + na^{n-1}b$ は明らかです。ですから、

$$(a + b)^n - a^n \geqq na^{n-1}b$$

が成立します。さらに、a, b は自然数なので、どちらも1以上の整数ですから、

$$a^{n-1}b \geqq 1 \times 1$$

が成り立ちます。そのため、$na^{n-1}b \geqq n$ がいえます。

以上をまとめると、

$$1 = (k + 1) - k = (a + b)^n - a^n \geqq n$$

左辺の値は1、右辺は $n(\geqq 2)$ です。にもかかわらず、$1 \geqq n$ と表わされているので、矛盾によって証明できます。

(論証で必要なのは、反論を想定する力)

 ## 数学的な考え方

　主義主張を人に話す際、自分に都合のいいこと、利益になることだけを話しても伝わりません。そうでなくても、意見には反論がつきものです。何かでコントロールしていれば別かもしれませんが、100%全員が賛成することはなかなかありえません。

　たとえば、インターネットを利用するメリットについて述べるとします。インターネットは自宅に居ながら、世界中の人とコンタクトできたり、知らない情報を検索できたり、広範囲に情報を発信できたりする便利なツールです。一方で、匿名利用による詐欺や、個人情報が流出してしまったり、自分の情報が思わぬ事件を引き起こしたりするリスクもあるので注意が必要です。

　この例からはさて、どのような主義主張が出てくるでしょうか。主義主張で大切なのは、**反論を予想し、それに対応するための「理由」を用意すること**です。

　たとえば、ホームページの閲覧を制限すれば、個人情報のかなりの部分の流出が防げます。

　インターネットは日常の世界を発展させるツールなので、このような対応策を講じて上手に利用したほうがいいのです。

　このように、リスクで怖がらせるのではなく、効果的な対応策があることを伝える流れをつくると、さらにメリットを強調できます。

　あらゆる立場の人の反論を予想し、対応策を講じるのは、文科の人も理科の人も必要なスキルです。こういう力を持つ人を東大は待

っているのです。

物事の一面でしか判断できない人ではなく、さまざまな立場の人とコミュニケーションがとれる人を求めているわけです。

① よい点、悪い点の両方を探る（いろんな立場の考えを知る）
② 他の意見を制する理由を考える（主張の正当性を強調する）
③ コミュニケーションに応用する（相手の考えを想定したTPOを）

演習問題

Q. 次の意見の反論を想定してください。

「東大に合格するには、紙の本ではなく電子書籍で勉強すべきです」

HINT!

電子書籍と紙の本の利点、欠点を洗い出していきましょう。電子機器は素晴らしいツールで、利用するメリットはたくさんあります。しかし、それを抑えても紙の本を使う理由は？

ここで重要なのは、あなたがどちらの意見を持っていても、「紙のほうがよい」という立場をきちんと守ることです。ここがブレていると、議論できません。

※解答は192ページ

第10時限

「こっちが正しい」と言い切るためには？

? 問題

自然数の2乗になる数を平方数という。

10進法で表わして3桁以上の平方数に対し、10の位の数を a, 1の位の数を b とおいたとき、$a + b$ が偶数となるならば、b は 0 または 4 であることを示せ。

(2004年 理科前期 第2問改題)

▶解法のステップ

【STEP1】言葉を1つひとつ整理する

【STEP2】調べる必要がない部分を見つける

【STEP3】偶数と奇数の性質

【STEP4】文字を1つ固定して計算する

断定するには、情報収集と整理が重要

解　答

自然数 n を次のように定義する。

$n = 10p + q$

(p は 1 以上の整数、q は $0 \leq q \leq 9$ を満たす整数)

STEP1

このとき、$n^2 = (10p + q)^2 = 100p^2 + 20pq + q^2$

ここで、調べるのは 10 の位と 1 の位なので、$20pq + q^2$ の部分だけ調べればよい。10 の位の数を a、1 の位の数を b としたとき、下表のようになります。

STEP2

q	$20pq + q^2$	a	b	$a + b$
0	0	0（偶数）	0（偶数）	0（偶数）
1	$20p + 1$	偶数	1（奇数）	奇数
2	$40p + 4$	偶数	4（偶数）	偶数
3	$60p + 9$	偶数	9（奇数）	奇数
4	$80p + 16$	奇数	6（偶数）	奇数
5	$100p + 25$	2（偶数）	5（奇数）	7（奇数）
6	$120p + 36$	奇数	6（偶数）	奇数
7	$140p + 49$	偶数	9（奇数）	奇数
8	$160p + 64$	偶数	4（偶数）	偶数
9	$180p + 81$	偶数	1（奇数）	奇数

STEP3

以上より、$a + b$ が偶数となるのは、$b = 0, 4$ である。【証明終】

解　説

　求めるのは**偶数となる限定条件**の証明です。「ないこと」の証明のように、1つひとつ全部見つけるのは骨が折れるので、やはり工夫が必要です。

　この問題では、結論がある枠の中に収まる場合、限定した○○という条件以外にありえない！　と言い切らなければなりません。

　キーワードは偶数です。ということで、あわせて奇数にも注目したいところです。偶数と奇数は仲よしで、お互いを知ることで、他にもたくさんの世界を見せてくれます。ですから、**一方だけ考えるよりも、同時に調べたほうが解決に至りやすいのです。**

　偶数も奇数も小学校で習います。どの学年の生徒にもなじみ深い言葉だと思います。大学入試、それも東大入試にまで出題されるわけですから、重要なテーマといえます。

　数学は、こういった**共通言語を使ってさまざまな人と対話できる学問**です。何となく頭でイメージできることを数学の言葉や描写で表わして相手に伝えます。

　この問題も、偶数という言葉は知っていても、きちんと使いこなしているか質問してきているのです。たとえば、偶数と偶数を足すとどうなるか？　奇数と奇数を足すとどうなるか？　もしくは、かけ合わせるとどうなるか？　計算ドリルでやっていた内容を、言葉で説明することを求めています。

　出題の方法は違えども、学んでほしい大事なところは変わらない、そういった本質を問いたいという東大らしい問題です。

　もう1つ頭に入れてほしいのは、「**自然数**」を扱う点です。自然数は 1, 2, 3, 4, … のように指さしで数えられる最も生活に身近な数字

です。しかし、それが逆にむずかしさを引き起こします。複雑でわかりにくい数は、ざっくりとした範囲を答えるだけの問題が多いのですが、自然数を扱う場合は、「これが答えです！ これ以外にありません！」とはっきりと断定する必要が出てきます。

この問題も同様です。その強力な断定をするための材料を集め、高い論理力を発揮しないと、なかなか答えにはたどり着きません。

ここまで述べると、恐ろしくて手が出せない印象を持つかもしれませんが、解決策はあります。1つひとつ読み解いていきましょう。

【STEP1】言葉を1つひとつ整理する

「自然数の2乗になる数を平方数」とは、「1以上の整数の中で、**同じ数字をかけ算した数**」という意味です。たとえば $3^2(= 3 \times 3)$ や $6^2(= 6 \times 6)$ などと表わすものです。

「**10進法**」とは、「**0から9までの数字を使っていいですよ**」という意味です。仮に「6進法」なら、0から5までの数字しか使えません。「2進法」なら、0と1の2通りの数字しか使えません。日常的に利用している計算方法は普通、10進法です。

「3桁以上の平方数」とは、3桁の数字（100以上の整数）なので、たとえば $10^2 = 100$、$40^2 = 1600$、$100^2 = 10000$ などです。

3桁以上（何ケタかはわからない）の自然数全体を数式で表わすのはむずかしいのですが、調べるのが「10の位と1の位の数」という点に注目すると、答えは見えてきます。「**100の位、1000の位の数は、今回は必要ないですよ**」と教えてくれています。

ある自然数 n を、10の位以上の部分と1の位の数の部分に分解すると、

$n = 10p + q$

と表わせます。

例1 54という自然数なら、$p = 5$, $q = 4$
例2 123という自然数なら、$p = 12$, $q = 3$
例3 4321という自然数なら、$p = 432$, $q = 1$
例4 54という自然数なら、$p = 5$, $q = 4$
例5 8という自然数なら、$p = 0$, $q = 8$

p, qの数を上の例のようにおけば、どんな自然数も表わせます。数の条件はそれぞれ、pが0以上の整数、qは0から9までの整数です。

【STEP2】調べる必要がない部分を見つける

$n^2 = 100p^2 + 20pq + q^2$の式の「$100p^2$」の部分に注目しましょう。$p$の値によって、どんな数字になるか調べます。

$p = 1$のとき、$100p^2 = 100 \times 1 = 100$
$p = 2$のとき、$100p^2 = 100 \times 4 = 400$
$p = 3$のとき、$100p^2 = 100 \times 9 = 900$
$p = 4$のとき、$100p^2 = 100 \times 16 = 1600$

続けていっても同様に、**10の位と1の位の数はどちらも0に**なります。この問題は、10の位と1の位の数字を調べるので、**$100p^2$は無視してよい**のです。

【STEP3】偶数と奇数の性質

「$a+b$ が偶数となる」とは、「**足し算して偶数（2, 4, 6, 8, …）になる**」ということです。

足し算して偶数になる数の組み合わせは、**①偶数＋偶数のとき**（たとえば、$2+4=6$）、**②奇数＋奇数のとき**（たとえば、$3+7=10$）の2通りだけです。偶数と奇数を足し算すると、$4+3=7$、$5+6=11$ のように、必ず奇数となってしまいます。

「$a+b$ が偶数となるならば、b は0または4」とは、「**10の位の数と1の位の数を足し算して偶数になる場合、1の位の数は必ず0か4です**」いう意味です。0と4は偶数なので、上記の①の組み合わせだとわかります。つまり、10の位の数も偶数だといえます。次で、実際に調べてみましょう。

【STEP4】文字を1つ固定して計算する

$20pq+q^2$ は、p と q の値によって決まります。しかし、p の値は無数にあるので、全部調べることはできません。

q の値は、0から9までの10通りなので、$20pq+q^2$ の値、そして10の位の数と1の位の数の和を、それぞれ求めてみましょう。

① $q=0$ のとき、$20\times p\times 0+0=0$
　（10の位の数 $=0$）$+$（1の位の数 $=0$）$=0$

② $q=1$ のとき、$20\times p\times 1+1=20p+1$
　➡ 21, 41, 61, 81, …
　（10の位の数 $=$ 偶数）$+$（1の位の数 $=1$：奇数）$=$ 奇数

③ $q=2$ のとき、$20\times p\times 2+4=40p+4$

➡ 44, 84, 124, 164, …

(10の位の数＝偶数)＋(1の位の数＝4：偶数)＝偶数

④ $q=3$ のとき、$20 \times p \times 3 + 9 = 60p + 9$

➡ 69, 129, 189, …

(10の位の数＝偶数)＋(1の位の数＝9：奇数)＝奇数

⑤ $q=4$ のとき、$20 \times p \times 4 + 16 = 80p + 16$

➡ 96, 176, 256, 336, …

(10の位の数＝奇数)＋(1の位の数＝6：偶数)＝奇数

⑥ $q=5$ のとき、$20 \times p \times 5 + 25 = 100p + 25$

➡ 125, 225, 325, …

(10の位の数＝2：偶数)＋(1の位の数＝5：奇数)＝奇数

⑦ $q=6$ のとき、$20 \times p \times 6 + 36 = 120p + 36$

➡ 156, 276, 396, …

(10の位の数＝奇数)＋(1の位の数＝6：偶数)＝奇数

⑧ $q=7$ のとき、$20 \times p \times 7 + 49 = 140p + 49$

➡ 189, 329, 469, …

(10の位の数＝偶数)＋(1の位の数＝9：奇数)＝奇数

⑨ $q=8$ のとき、$20 \times p \times 8 + 64 = 160p + 64$

➡ 224, 384, 544, …

(10の位の数＝偶数)＋(1の位の数＝4：偶数)＝偶数

⑩ $q=9$ のとき、$20 \times p \times 9 + 81 = 180p + 81$

➡ 261, 441, 621, …

(10の位の数＝偶数)＋(1の位の数＝1：奇数)＝奇数

正しいと言い切れるまでやり抜く

 数学的な考え方

「〜だと思う」「〜かもしれない」という言い方をする人はいても、つねに「これしかない！」と言い切る人は少ないはずです。しかし、自分の考えを断定して、きちんと言い切る人は、信頼感が高い傾向にあります。自信を持っていて責任感のある人は、やはり魅力的です。

逆に、責任のなすりつけ合いばかりする人とは信頼関係は築けません。もちろん、受験も仕事もうまくいきません。

皆さんは、教科書やニュースの中に登場するさまざまなデータに違和感を持ったことはありませんか？「あれ？ これって本当かな？」程度でもかまいません。こういった視点を持つことは重要です。

データは、それを見る立場によって受け止め方が変わります。ですから、情報をただ鵜呑みにすると誤解が生まれます。「何となくわかったつもりになるのは危険！」と何度も申し上げているとおりです。記載している内容が本当に合っているかを見極めて、「これは合っている（間違っている）！」と断定できる力（＝論証力）を養いたいものです。

断定できるようになるための第1歩は、条件を絞って調べ尽くすことです。すべてを完璧に調べるのはむずかしいと思いますが、**「この1ページだけは終わらせる！」**と、自分ができそうな分でいいので、やり切る姿勢が重要です。

回りくどかったり、失敗していたりしてもかまいません。ひと通り自分の手でこなした後にしか見えない世界があります。それは、単純に「終わらせた」という結果だけではなく、「**1つのことを成し遂げられる＝自信**」です。

　「たった1つでいいんです。正しいと思うことを粘り強くやる、やり切る。こういう経験をぜひ持ってください」

　これは、東京大学総長・濱田純一先生の言葉です。東大が求める人物像のスローガンである「タフさ」の原点になる経験だと私も思います。

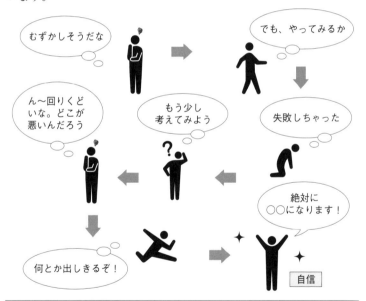

①有言実行、できれば無言実行（決めたことを初志貫徹する）
②途中で投げ出さない（しつこくチャレンジする）
③やり切った経験を活かす（経験でモノを語るから断定できる）

演習問題

Q. 江戸時代に実施されていた参勤交代※の目的は、「地方の大名たちの財政状況を弱め、歯向かう力をなくさせること」と言われています。これは本当でしょうか？ わからなければ、本やインターネットで調べてみましょう。

※参勤交代とは、1年おきに自分の領地（地方）と江戸を行き来し、妻子は人質として江戸で生活しなければならなかった制度です。

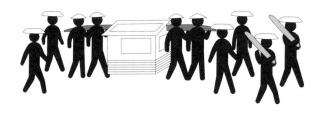

HINT!

参勤交代は、日本史で学ぶ有名な用語ですが、あまり深く考えたことがない人が多いと思います。ただ暗記するのではなく、当時の状況を想像したり調べたりすることで、知識を「智恵」に変える工夫をしましょう。ポイントは「なぜそんな面倒くさくて、手間のかかることをさせたか？ 高い税金を取るだけではダメだったのか？」という視点を持つことです。

※解答は193ページ

第11時限

当たり前のことももう一度見直してみる

❓ 問　題

2次方程式 $x^2 - 4x - 1 = 0$ の2つの実数解のうち大きいものを α、小さいものを β とする。

$n = 1, 2, 3, \cdots$ に対して、$s_n = \alpha^n + \beta^n$ とおく。

(1) s_1, s_2, s_3 を求めよ。また、$n \geq 3$ に対し、s_n を s_{n-1} と s_{n-2} で表わせ。

(2) β^3 以下の最大の整数を求めよ。

(2003年　理科前期　第3問改題)

▶解法のステップ

【STEP1】2つ文字の式変形

【STEP2】方程式の解と一般式のつくり方

【STEP3】解の公式と値の評価

2次方程式の基本ルールを見直す

解答

(1) 解と係数の関係より、$\alpha + \beta = 4, \alpha\beta = -1$ なので、

$s_1 = \alpha + \beta = 4$

$s_2 = \alpha^2 + \beta^2 = (\alpha + \beta)^2 - 2\alpha\beta = 4^2 - 2 \times (-1) = 18$

$s_3 = \alpha^3 + \beta^3 = (\alpha + \beta)^3 - 3\alpha\beta(\alpha + \beta)$

$\qquad = 4^3 - 3 \times (-1) \times 4 = 76$

STEP1

α, β は $x^2 - 4x - 1 = 0$ の解なので、

$\alpha^2 = 4\alpha + 1, \beta^2 = 4\beta + 1$ となり、

$\alpha^n = 4\alpha^{n-1} + \alpha^{n-2}$

$\beta^n = 4\beta^{n-1} + \beta^{n-2}$

が成立する。

以上より、$s^n = 4s^{n-1} + s^{n-2}$ ……【答】

STEP2

(2) $x^2 - 4x - 1 = 0$ において、解の公式より、

$x = 2 \pm \sqrt{5}$

であり、この解を表わす α, β は $\alpha > \beta$ なので、

$\beta = 2 - \sqrt{5}$

となる。ここで、$2 < \sqrt{5} < 3$ なので、$-3 < -\sqrt{5} < -2$ となり、辺々2を加えると、$-1 < \beta = 2 - \sqrt{5} < 0$ が成立。

STEP3

よって、$-1 < \beta^3 < 0$ となるので、

β^3 以下の最大の整数は -1 【答】

解 説

　求めるのは**段階的に複雑になる数の評価**です。数学では、**問題文（条件文）を読んでそのルールを読み取らせ、1番目から2番目、3番目、そしてその先がどうなりそうかを答えさせる**問題がよく出題されます。

　答えが1つだけわかればいいわけではありません。1つ目がわかれば、もう1つ、さらにもう1つと、次がどうなっていきそうかも調べることは重要です。そして最終的に、問題に対する解答の「**一般化**」が求められます。一般化ができるということは、そこにひそむルールに気づくということです。このルールの発見が、数学では論証力の源泉になります。

　この問題は、まず2次方程式の解を求めさせ、次にその解の性質について議論する内容です。2次方程式の解は中学生で習うので、実はこの問題は中学生でも解けます。

　このような簡単に解けると思われる問題が、なぜ東大で出題されるのかというと、学び方や考え方に注意を与えたい意図がひそんでいるはずです。

　小学校や中学校での教育では「答えを出すこと」に焦点が向けられており、**「過程を考えること」「ルールを見つけ出すこと」が軽視される傾向があります**。しかし、そこにとどまっていては、東大入試には通用しません。

　人に説明できるまで、過程をしっかり考えて使いこなせるようにしてほしい。そんなことを思わせてくれる問題です。

【STEP1】2つ文字の式変形

α, βは2次方程式$x^2 - 4x - 1 = 0$の解なので、「**解と係数の関係**」が利用できます。つまり$\alpha + \beta = 4$、$\alpha\beta = -1$が成り立ちます。

【解と係数の関係】 ※簡略版

$x^2 + px + q = 0$の解がα, βのとき、

$$\left.\begin{array}{l}\alpha + \beta = -p \\ \alpha\beta = q\end{array}\right\} \text{が成り立つ}$$

これは、大変重要な性質です。足し算とかけ算のセットがわかっていると、かなり多くのことが判明します。

$s_1 = \alpha + \beta$は、条件文にあるので、値はすぐに判明しますが、$s_2 = \alpha^2 + \beta^2$は、すぐには求められません。しかし、式変形すればすぐにわかります。

【足し算とかけ算で、2乗や3乗を表わす公式】

例1 $a^2 + 2ab + b^2 = (a + b)^2$

$a^2 + b^2 = (a + b)^2 - 2ab$

例2 $a^3 + 3a^2b + 3ab^2 + b^3 = (a + b)^3$

$a^3 + b^3 = (a + b)^3 - 3a^2b - 3ab^2$

$= (a + b)^3 - 3ab(a + b)$

【STEP2】方程式の解と一般式のつくり方

「**方程式の解**」とは、その方程式に代入して成り立つ値です。

例1 $x - 3 = 0$ の解は $x = 3$、$3 - 3 = 0$ が成り立つ。

例2 $x^2 - 4 = 0$ の解の1つは $x = 2$
$2^2 - 4 = 4 - 4 = 0$ が成り立つ。

例3 $x^2 - 4x - 1 = 0$ の解が $x = \alpha$ とすると、
$\alpha^2 - 4\alpha - 1 = 0$ が成立し、$\alpha^2 = 4\alpha + 1$ となる。
両辺に α をかけると、$\alpha^3 = 4\alpha^2 + \alpha$
さらに両辺に α をかけると、$\alpha^4 = 4\alpha^3 + \alpha^2$
これを繰り返していくと、$\alpha^n = 4\alpha^{n-1} + \alpha^{n-2}$

この変化に注目！

$\alpha^{③} = 4\alpha^{②} + \alpha$
$\alpha^{④} = 4\alpha^{③} + \alpha^{②}$
$\alpha^5 = 4\alpha^4 + \alpha^3$
$\vdots$
$\alpha^n = 4\alpha^{n-1} + \alpha^{n-2}$ ← n で表現した式

⬇（両辺に α をかける）
⬇（両辺に α をかける）

【STEP3】解の公式と値の評価

文科理科問わず最頻出公式の1つに、「**解の公式**」があります。これは、次のようなものです。

【**解の公式**】 $ax^2 + bx + c = 0$ の解は、$x = \dfrac{-b \pm \sqrt{b^2 - 4ac}}{2a}$

これを利用すると、$x^2 - 4x - 1 = 0$ の解は、

$$x = \frac{4 \pm \sqrt{16 + 4}}{2} = \frac{4 \pm \sqrt{20}}{2} = \frac{4 \pm 2\sqrt{5}}{2} = 2 \pm \sqrt{5}$$

ここで、$2 - \sqrt{5}$ の値を調べましょう。パッと見、どれくらいの値かわかるでしょうか？　「**−1より大きくて0より小さい**」とわかった人はいいセンスをしています。

$2 = \sqrt{4} < \sqrt{5} < \sqrt{9} = 3$ が成り立つので、
辺々(-1)倍すると、$-3 < -\sqrt{5} < -2$
さらに、辺々2を加えると、$-1 < 2 - \sqrt{5} < 0$ となります。
以上から、$-1 < (2 - \sqrt{5})^3 < 0$ が成り立ちます。
よって、$(2 - \sqrt{5})^3$ の次に大きい整数は-1です。

テクニックを覚えるのも重要ですが、このように地道に数字を評価できる力強さはもっと重要です。

(**単位は揃っているとは限らない！**)

 ## 数学的な考え方

1＋1＝2……ほとんどの人が同意する式だと思います。

続けます。2＋2＝4, 4＋4＝8, …, 64＋64＝128, 128＋128＝256……ここまでくると、「計算するのは厳しいなあ」と思う人も多くなりそうです。

ここで学んでほしいことがあります。それは、**基準が揃っているか確認する**ことです。

先の計算につけ足して考えましょう。1個＋1cm＝？　数字は同じ「1＋1」ですが、これだと計算ができなくなります。単位が異なるからです。個数と長さは足し算できません。もちろん、1km＋1cm＝？　というように、同じ長さを表わすものであっても「km」と「cm」は長さの単位が異なるので、このままでは計算できません。

実は、私たちは「1＋1＝2」のような計算をするとき、単位が揃っていることを無意識的に「当たり前」のこととして処理します。このことは、物事をスムーズに考えたり、進めたりするうえで大切です。ただ、その**意味を正しく理解し、それを"見える化"することも非常に大事**です。

ですから、「足し算するってどういうこと？」という視点を持ち、きちんと調べていきましょう。

人と人とのコミュニケーションも同じです。お互いが当たり前だと思っていることも、同じ土俵に立っていないと肝心な場面で混乱

が起きます。

「やるって言ったじゃないか！」

「最初にルールを決めたじゃないか！」

そんな声も飛び出すでしょう。同じ土俵に立っていなければ、ルールを決めてもお互いの理解が違っていることになります。

しかし、土俵をはっきりさせておくと、この問題のように段階が進んでも、「128 + 128」みたいな少し複雑な物事も「1 + 1」で決めたルールが適用され、同じように考えられるようになります。

そういうふうになるためには、**「相手が使っている言葉で会話すること」**がポイントです。

自分勝手な考え方だと、数学もコミュニケーションもうまくいきません。相手が考えていること、さらに言えば、反論してきそうな内容も探りながら議論を進めていくと、なお素晴らしいと思います。

①普段の会話を思い返す（ミス・コミュニケーションの原因を探る）

②基準が揃っているか？（同じ目的・内容か調べる）

③相手の立場で対話する（勉強も他者目線で考える）

演習問題

Q. 小学4年生の男の子に部屋の掃除をさせることにしました。彼はふだんから掃除をほとんどしていません。そんな彼に、「部屋をきちんと掃除しなさい」と伝えたところ、しぶしぶ「わかった」と言って部屋に戻っていきました。しばらくして、彼に「掃除はしたの？」と尋ねると、「したよ」と答えたので、部屋をこっそり見に行きましたが、部屋は片づいていませんでした。なぜ、こういうことが起きたのでしょうか？　理由を考えてください。

HINT!

前ページで説明したように、「相手の立場の言葉選び」ができているかを確認したいものです。自分にとっての当たり前と、相手にとっての当たり前のズレに気づけるといいですね。もちろん、「彼がウソをついている……」と判断した人もいるかもしれませんが、そこは信頼してあげましょう。

※解答は194ページ

第12時限

論述の型(パターン)は
すでに決まっている

問 題

　白石180個と黒石181個の合わせて361個の碁石が横に一列に並んでいる。碁石がどのように並んでいても、次の条件を満たす黒の碁石が少なくとも一つあることを示せ。

　その黒の碁石とそれより右にある碁石をすべて除くと、残りは白石と黒石が同数となる。ただし、碁石が一つも残らない場合も同数とみなす。

(2001年　文科前期　第4問)

▶解法のステップ

【STEP1】少ない数で実験して、性質を探す

【STEP2】検証しなければならない要点を見つける

【STEP3】矛盾を確かめる

最初は小さな数字から考える

解　答

左から n 番目までの碁石において、

$d(n) = $ (黒石の個数) $-$ (白石の個数)

と定義する。ただし、$d(0) = 0$ とする。

題意を満たすためには、

$d(k-1) = 0$　$d(k) = 1$　$(1 \leq k \leq 361)$　……①

となる k が存在すればよい。

——STEP1

碁石は黒181個、白180個で黒のほうが1つ多いので、$d(361) = 1$、つまり、$d(k) = 1$ となる k は少なくとも1つ存在する。

これを満たす最小の k を k_0 とすると、碁石は1つずつ変化するので、

$d(k_0 - 1) = 0$ または 2 である。

——STEP2

$d(k_0 - 1) = 2$ とすると、$d(0) = 0$ であることから、

$d(k) = 1$ $(0 < k < k_0 - 1)$ を満たす k が存在する。

これは、k_0 の最小性に反する。

以上より、$d(k_0 - 1) = 0$ であるので、①を満たす。【証明終】

——STEP3

解　説

　求めるのは**碁石の性質の証明**です。「**どんな場合でも必ず1つあることを示せ**」というタイプの証明問題は頻出です。

　この問題は碁石を扱い、感覚的にはイメージしやすいものですが、東大お得意の"公式で解かせない"問題です。

　文系受験者だけに課せられた問題ですが、何を問うているのでしょうか？　文系の人は、法学や経済学、文学、教育学などを扱うわけですが、そこで必須となるのは「確固とした論理力」です。言語や国、宗教、文化も時代さえも越えたコミュニケーション力を養っていく人たちです。もちろん、「**数学の『数語』でも同じように意見交換してほしい**」という狙いが、東大にはあるのでしょう。

　では、解答の糸口を考えましょう。碁石の数が多いので、やはりすべてを調べるのは、これまでの問題と同様にナンセンスです。

　どこに視点を持って向き合うかが大事です。ポイントは、**碁石の数が黒のほうが1個多い**ということです。イメージしやすいように、白2個、黒3個で並べて検証してみましょう。

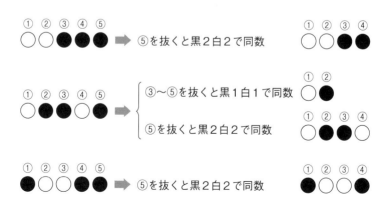

どの場合でも成り立ちました。個数を増やしたとしても考えることは同じです。黒石の数と白石の数の関係性に着目して、同数になる前後がどうなっているか？　調べる対象の背景がどんな状況か？　1点だけを見つめるのではなく、幅広い視点から調べて、議論していくこのアプローチは、まさに文系学生が大学で実施する学習の方法です。この問題で、その考え方を身につけましょう。

【STEP1】少ない個数で実験して、性質を探す

前ページと同様、白2個、黒3個の碁石でもう少し考えましょう。並べ方は、下の順番で考えます。

この問題では個数を調べたいので、個数を表わす式をつくりましょう。

ただし、白黒それぞれの個数を表わす式というわけではありません。黒石と白石の数の差を知りたいので、

$d(n)=$（黒石の個数）$-$（白石の個数）

という式をつくります。ここで n は、左から n 番目（$n = 1, 2, 3, 4, 5$）という位置を表わしています。

① $n = 1$ の場合、黒1個白0個なので、$d(1) = 1 - 0 = 1$
② $n = 2$ の場合、黒1個白1個なので、$d(2) = 1 - 1 = 0$
③ $n = 3$ の場合、黒1個白2個なので、$d(3) = 1 - 2 = -1$

④ $n = 4$ の場合、黒2個白2個なので、$d(4) = 2 - 2 = 0$
⑤ $n = 5$ の場合、黒3個白2個なので、$d(5) = 3 - 2 = 1$

　この問題は、黒石と白石が同数になる場合を見ていくので、②の $d(2) = 0$ または $d(4) = 0$ に注目します。

　上の実験結果からわかるのは、$d(2)$, $d(4)$ の前後は、-1 と 1 になっています。逆にいえば、黒石と白石の個数の差が -1 と 1 の前後で、黒石と白石は同数になるとわかります。

　この問題では、指定した黒石自身も取り除いて同数になる場合なので、k 番目の個数差 $d(k)$ が $d(k) = 1$ であって、その1つ前 $(k-1)$ 番目の個数差 $d(k-1)$ が $d(k-1) = 0$ となる場合が存在することを示せばよいです。

【STEP2】検証しなければならない要点を見つける

　この問題は、碁石全部の個数が361個なので、この個数で改めて考えてみましょう。左から361番目、つまり361個全部を見ると、黒石181個白石180個で、黒石のほうが1個だけ多くなります。つまり、$d(361) = 1$ が成り立ちます。

　ということは、少なくとも1回は $d(k) = 1$ となる k が存在するとわかりました。1番目から360番目までを見ていなくても、361番目には存在するからです。

　調べると、$d(3) = d(72) = d(89) = d(222) = d(361) = 1$ のように5回も、個数の差が1となる場合もあるかもしれません。ですから、一番初めに黒石のほうが1個多くなる番号を決めておきましょう。それを、k_0 と表わします。前の例では、$k_0 = 3$ です。

　前ページの性質の結果から、$d(k_0) = 1$ の前は $d(k_0 - 1) = 0$ に

なる場合と$d(k_0 - 1) = 2$になる場合があります。

この問題で言いたいのは、$d(k_0 - 1) = 0$となる場合です。つまり、$d(k_0 - 1) = 2$の場合に矛盾することを確かめればよいのです。

【STEP3】矛盾を確かめる

「$d(k_0 - 1) = 2$だとおかしい」となればよいので、矛盾を指摘しましょう。

前提条件として、0番目つまり361個すべて除いたときの個数の差は、$d(0) = 0$です。碁石は、黒か白だけなので、番号が1つずつずれると、個数の差も1つだけ変化します。個数の差が0から2に変化するということは、途中で個数の差が1となる番号があるはずです。0, 1, 2と段階的に変化していくケースだからです。

1個飛ばしでカウントすることはありません。しかし、途中で個数の差が1となる番号があるというのは、k_0番目が一番初めに個数の差が1になるという定義に矛盾してしまいます。

ですから、$d(k_0 - 1) = 2$の場合はありえません。

よって、$d(k_0 - 1) = 0$以外ありえないわけです。

矛盾ゆえに証明できました。

論述のために必要な4つの構成

 数学的な考え方

　このような論理的な説明が求められる問題で、ぜひ知ってもらいたいポイントがあります。それは「論述する」ということです。「何だかむずかしそう」と思うかもしれませんが、"型"を知れば、一気に敷居は低くなるはずです。

　次の4部構成を見てください。

　　①問題提起　→　②意見提示　→　③理由説明　→　④結論

　①問題提起とは、「○○だろうか？」と投げかけるものです。この場合、「碁石の数が○○となることが本当にあるだろうか？」といった具合です。ここで、どんな課題なのか、どこが重要なのかを明らかにするとよいでしょう。

　②意見提示とは、「たしかに○○だ。しかし△△である」といった具合に、問題の要点を突いた発言を行ないます。言われたことを整理して、考えられるパターンを挙げたり、反対意見を述べたりします。

　③理由説明とは、「なぜなら○○だから」と説得力ある理由を示します。誰が見ても納得できる、わかりやすい表現を練っていくとよいでしょう。

　④結論とは、「よって○○といえる、私は考える」と内容を締めくくります。最終的な意見を相手の言い方で改めて述べることで、相手も納得・共感できます。

この構成は、小論文やレポートの書き方で利用できます。また、会議やプレゼンでも応用できます。

　われわれは、立場や文化が違うと考え方や物の見方も違います。それらをつなげられるのは論理です。自分の先入観や一方的な価値観で判断せず、客観的に物事を捉えることが論理なのです。時、場所、場合、相手などに合わせた臨機応変な客観力を持った人は「できる人」です。

①論述の流れを知る（だろうか、たしかに、しかし、なぜなら、よって）
②自分勝手ではいけない（感情に押し流されると判断を誤る）
③発言する機会を持つ（理解した分だけでいいので、まず行動する）

演習問題

Q. パソコンが私たちの生活を豊かにしてくれたか、その是非を論じてください。

(注) どちらが合っている、間違っていると伝えるわけではありません。あくまで自分の考えとして、どちらがよいかを明言し、理由とともに説明するということです。

HINT!

感情的に物事を進めると、一時的にはうまくいっても再現できません。別の人がやると途端にできなくなりますし、時代が変わると無価値にさえなってしまうこともあります。重要な基盤・基礎というのは、いつの時代でも、どの国であっても同じです。「自分だったらこう考える……」ということを実際に言葉にするところから、社会は少しずつ活性化し、よりよい豊かな文化が生まれます。

※解答は 196 ページ

第4章

現象に囚われず本質を見破る「批判力」の問題

GUIDANCE

東大が求めている「批判力」とは何か？

■ 現象に囚われず本質を見破るために

現象に囚われず本質を見破る——。数学で身につけられる力の1つです。

問題が複雑だったり、情報が多すぎたりすると、どこに注目していいかわからなくなりがちです。多くの場合、マニュアルやルールブックがあり、それに従えばある程度のことはこなせるようになります。

しかし、それでは本当は間違っていることも鵜呑みにし、何となく右から左に流れ作業を行なうようになりがちで、非常に危険な考え方です。

何の迷いもなく動いてくれる人は、搾取(さくしゅ)する側にとっては都合のいい労働力でしょう。しかし、あなたはその管理される"マニュアル人間"で一生を終えたいですか？

私は、本書を読む皆さんには自分で状況を判断し、何が問題となっているかを発見し、解決に向けて行動できる**批判力**を身につけてほしいと願います。

次の例で考えてみましょう。

「B型は大ざっぱで、自分勝手な人が多い」と話題になった。次の意見で、あなたの考えに近いものはどれか？

①そのとおり。B型の人は自分勝手な人が多い。
②そんなことはまったくない。B型の人でも几帳面な人は中にはいるし、言いすぎだ。
③どちらともいえない。もう少し別の角度からも検証すべきだ。

さて、どれを選びましたか？
①の意見は、世間でもよく話題になるので正しそうです。また、②の意見は、それを否定したがる人の意見です。
実は、今回のテーマである「批判」はいずれにもあたりません。否定すればいいというわけではないのです。**正解は③の意見**で、こうした視点の転換が重要なのです。
注意したいのが、「B型の人が大ざっぱで、自分勝手な人が多い」かどうかを検証する方法です。「B型の人は自分勝手な人が多いと思いませんか？」などと直接、相手に答えを誘導するような質問なら、聞き手も何となく雰囲気を読んで、①のように「はい」と答える人が多くなるでしょう。ですから、もう少し正確に評価できる検証法を考えます。

たとえば、積み木を組立ててもらうテストを考えます。被験者に組立て方のマニュアルと積み木を渡します。途中でマニュアルを読まず、自分の好きな形につくっていたりしたら、大ざっぱで自分勝手だと判断することにします。この実験で、B型の人たちが他の血液型の人たちと比べて、大ざっぱで自分勝手な人の割合が明らかに多ければ、今回の話題は正しいといえそうです。実験人数など、さらに入念にデータを取れば、より正確な結果がわかるでしょう。

これは簡単な一例ですが、データ検証の仕方に注意を向けることは非常に重要です。

■ 本質を捉え、課題を"見える化"

この例のように、ある話題に対して単純な肯定・否定を答えるのではなく、本質を捉え、課題を"見える化"する力が**批判力**です。

東大は、社会問題となっている時事を入試問題で出題することがよくあります。また、教科書に書いてある、誰もが見たことのある常識ともいえる内容を出題したりもします。それは、「**常識を疑う確かな力**」を学生に身につけてほしいと願っているからです。

常識とは、多くの人々が共有する思考や行動の型のことで、常識に従って行動することは楽で便利なものです。しかし、常識が正しいとは限らず、中には不合理なことも事実に反することも、人の自由を縛ることなども含まれています。

たとえ不合理でも、疑われない常識はそのまま生き残ってしまいます。誤った常識を覆すためには、まず常識を疑うことが不可欠なのです（平成19年度東京大学入学式・小宮山宏総長式辞より要約引用）。

■ まずこれを解いてみよう

では、実際に東大が求める批判力とはどんなものか、本章を始める前にまずお読みください。

【例題】

$1 \div \frac{1}{4} = 1 \times 4$ となる理由を答えよ。

この問題にある計算は、小学生のときに習います。ほとんどの人が知っているとは思いますが、「なぜこんな計算になるんだろう？」と疑問に思った人も多いのではないでしょうか。

「疑問に思ったけれど、周りの人から『理由はいいから、分数の割り算は分母と分子を逆にしてかけ算にすればいいんだ』と言われて、結局、理由を考えずに大人になりました」という声も多く上がるはずです。ある意味で、計算の常識ですが、その常識について質問している問題です。

さて、この計算の理由がわからない人は、おそらく割り算を次のようなものだとイメージしていると推察されます。

6個のお菓子を2人で平等に分けると、1人何個か？

【計算過程】 6÷2＝3（個）

つまり、割る数（今回は2のこと）は、1, 2, 3, 4などの自然数で

ないと計算できないという思い込みがありませんか？ **「人数で割る、個数で割る」というように割り算は指で数えられるものでしかイメージできないと思っていると、この問題は解けないでしょう。**

実は、割り算というのは個数の計算に限定したものではなく、本来は量の計算をしています。下図を見てください。

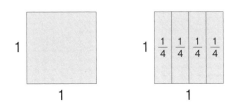

図で $1 \div \frac{1}{4}$ を説明すると、**図の左の１×１の正方形の中に占める $\frac{1}{4}$ という量はどのぐらいあるか？** という意味です。

図の右を見ると、1の中には $\frac{1}{4}$ の部分が4つあることがわかります。

間違った常識に流されないようにするためには、この例のように「当たり前の常識だけど、それって本当？」と疑う視点を持ち、本来の理由を知ることが大切なのです。

本章で、適切に判断する**批判力**を磨いていきましょう。そうすれば、情報に振り回されない確固たる考え方を持った人に成長できるはずです。

第13時限

ニュースの裏に隠されたメッセージは？

? 問題

ある地域の電力価格をうまく設定して電力不足を回避する方策を以下のモデルを用いて考察する。一日の電力消費量を昼間と夜間とに分けて考える。昼間の電力消費量を x、夜間の電力消費量を y とする。さらに、電力消費に伴う支払額は一日当たり $px + qy$ とする。ここで p と q は電力会社が定める価格である。価格が消費量に影響を及ぼすため、これらの変数は互いに関係がある。モデルとして次のような関係式が成立する場合を考える。

$x = 100 - 3p + q$ 　(1)
$y = 50 - 2q + p$ 　(2)

ただし、$p \geqq 0, q \geqq 0$ とし、電力会社は、x と y が 0 以上になるように p と q を設定するものとする。

(A-1) 　このモデルにおいては、(1)式で p の係数が負であ

り、q の係数が正である。一方、(2)式ではその逆の符号になる。これらの係数の符号の意味を説明せよ。

(A-2)　昼間と夜間の電力消費量の合計を 90 に保つとするとき、$\max\{x, y\}$ を最も小さくする p と q の組み合わせを求めよ。また、このときの支払額 $px + qy$ を求めよ。ただし、$\max\{x, y\}$ は、x と y の大きいほうの値（両者が等しい場合はその値）を表わす。

(2013 年　理科Ⅲ類を除く後期　第 1 問)

▶解法のステップ

【STEP1】2文字が動く数式を言葉と図で評価する

【STEP2】最大値が最小になる場合を考える

【STEP3】連立方程式という考え方

連立方程式は図解して考える

解 答

(A-1)

> (1)から、昼間の電力価格 p の符号はマイナスで、夜間の電力価格 q の符号はプラスなので、p が大きくなるほど昼間の電力消費量 x は小さくなり、q が大きくなるほど x は大きくなる。
>
> 同様に、p が大きくなるほど、夜間の電力消費量 y は大きくなり、q が大きくなるほど y は小さくなる。 【答】

STEP1

(A-2)

> $x + y = 90$ という条件下で、$\max\{x, y\}$ が最小となるのは、$x = y = 45$ のときである。

STEP2

> $$\begin{cases} 45 = 100 - 3p + q \\ 45 = 50 - 2q + p \end{cases}$$
> であるから、これを解くと、$p = 23, q = 14$ 【答】

STEP3

$$\begin{aligned} px + qy &= 23 \cdot 45 + 14 \cdot 45 \\ &= (23 + 14) \cdot 45 = 37 \cdot 45 \\ &= 1665 \end{aligned}$$ 【答】

解　説

　求めるのは**電力価格と電力消費量の関係**です。2011年に発生した東日本大震災と原発問題によって電力価格のニュースが広がりましたが、この問題はそれがクローズアップされるようになった2013年に出題されました。時事問題に対し、さまざまな角度からメスを入れた東大の入試問題の1つです。

　電力価格と電力消費量が数式で表わされています。まずはそれらを言葉で説明しなければなりません。

　数式を無機的なものとして見ている限り、ただの文字の寄せ集めです。公式だけを覚えていては"無味乾燥"です。

【STEP1】2文字が動く数式を言葉と図で評価する

　電力支払額を図に表わすと、こうなります。

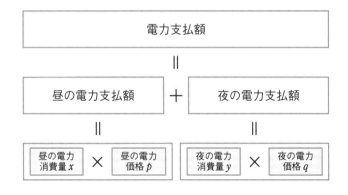

では、数式を見ていきましょう。

$$x = 100 - 3p + q \quad (1)$$

x は昼間の電力消費量です。p, q はそれぞれ昼間と夜間の電力価格です。

p の係数は負（－3）です。つまり、p が高くなるほど x は小さくなります。逆に、q の係数は正（＋1）です。つまり、q が高くなるほど x は大きくなります。

要するに、「昼間の電力価格が高くなるほど昼間の電力消費量は減少し、夜間の電力価格が高くなるほど昼間の電力消費量が増加する」という構造になっています。

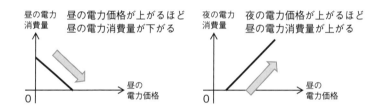

【STEP2】最大値が最小になる場合を考える

この問題で考えるのは、昼間と夜間の電力消費量の合計が同じ場合です。

$\max\{x, y\}$ とは、昼間の電力消費量と夜間の電力消費量の大きいほうの値です。昼間か夜間のどちらかの電力消費量が大きくなれば、それだけ $\max\{x, y\}$ は大きくなります。

つまり、昼と夜の電力消費量がぴったり同じときに $\max\{x, y\}$ は最も小さくなります。これが、最大値が一番小さくなる場合です。

【STEP3】連立方程式という考え方

方程式を解く際の大原則があります。それは、**1条件で1文字だけわかる**ことです。$x + y = 2$ というように、1つの方程式に2文字 (x, y) が入っていると、解くことができません。2文字答えるには2条件必要です。

そこで登場するのが「**連立方程式**」です。要は2つ以上の方程式のセットです。この場合、考える連立方程式は、

$$\begin{cases} 45 = 100 - 3p + q & \cdots\cdots ① \\ 45 = 50 - 2q + p & \cdots\cdots ② \end{cases}$$

まず、①の数字だけ左辺に整理して、

$$-55 = -3p + q \quad \cdots\cdots ①'$$

となります。さらに両辺2倍すると、

$$-110 = -6p + 2q \quad \cdots\cdots ①''$$

また、②を整理すると、

$$-5 = -2q + p \quad \cdots\cdots ②'$$

①'' + ②' より、$-115 = -5p$ となるので、$p = 23$

これを①'に代入すると、$-55 = -3 \times 23 + q$ になるので、整理すると、$q = 14$ となります。よって支払額は、

$$px + qy = 23 \cdot 45 + 14 \cdot 45$$
$$= (23 + 14) \cdot 45 = 37 \cdot 45 = 1665$$

智恵を育てるニュースの見方

 ## 数学的な考え方

　2011年の東日本大震災後、一般家庭の電力価格は増加しました。単純に「電力価格を値上げしたから」と考える人もいるかもしれませんが、その要因はさまざまです。

　電力価格が算出される中身を知らないと、正しい見方はできません。

　東京電力が発表しているデータによると、一般家庭の電力価格は、震災時から直線的に上昇し、年間で平均約1万円増加しています。

　実際のところ、**電力価格は毎月変動しています**。発電には燃料となる石油や天然ガスが必要なので、燃料の価格が上下すれば、これに合わせて電力価格も上下します。これを**「燃料費調整制度」**と呼びます。皆さんの家庭の電力価格の明細書にも記載されているので、ぜひ見てください。

　では、常に変動している電力価格を、わざわざ公共の電波を使って「値上げします」と宣言した理由は何でしょうか？

　震災後、原発がストップしたので、電力会社は原発でつくるはずだった電力を他の発電施設で代替しなければならなくなりました。その結果、主に火力発電が利用されることになり、増加する燃料費は年間で3.6兆円（1日約100億円の増加）と試算されました。燃料費調整制度の基準額を超えたので、これを電力会社の負担にするのはむずかしくなり、わざわざ「値上げします」と発表したわけです。

ニュースは毎日流れています。何も考えずに情報を受けていれば、不安が広がるでしょう。ですから、常に「このニュースの本質はどこにあるのか？」という疑問を持ち、周りの人たちと話し合い、**知識を深めて智恵を育てる**ことが大事です。東大でも、こうした心がけのある人を求めています。

①話題やニュースに目を向ける（使われている言葉をチェックする）
②データには要注意（変化は1つの理由だけでは決まらない）
③自分と人の考えを共有（多角的に物事を捉える機会が重要）

演習問題

Q. 次のニュース記事を見て、問題点を探してください。

「2012年の世界の大学ランキングによると、東京大学は第21位だった。5年前は第17位だったので、20位にも入れない事態は大幅な下落といってよい。日本の子どもの学力低下が問題視されている現代、東京大学にもその影響が出てきている」

HINT!

「大学ランキングが下がったから学力レベルが下がった」と単純に考えるのはナンセンスです。こういうニュースはよく見かけますが、「どんな基準で大学が選ばれているのか」「世界全体で大学の数は増えているのか（減っているのか）」「そもそも学力とは何を指しているのか」など、批判的な目を持つことが重要です。

※解答は197ページ

第14時限

不明瞭なモノを"見える化"する

? 問題

ある商店街に2軒の肉屋X,Yがあり、いずれも唐揚げを売っている。肉屋X,Yは、同じ量の唐揚げを注文してもそれぞれ調理時間が異なり、かつ注文する量が多いほど時間が長くかかる。肉屋X,Yへの注文量をそれぞれx[kg]、y[kg]、調理時間をそれぞれs分, t分とすると、$x>0$のとき、$s=4+\dfrac{2}{3}x$、$y>0$のとき、$t=6+\dfrac{1}{3}y$の関係がある。

いま、唐揚げを合計a[kg]注文するものとする(ただし、aは正の実数である)。その際、2軒の肉屋に分けて同時に注文してもよく、その場合には注文したそれぞれの店で要した調理時間の最大値が待ち時間になり、その値をT分とおく。また、1軒の肉屋だけに注文する場合には、その店で要した調理時間が待ち時間Tになる。

2軒の肉屋に分けて注文する場合、待ち時間を最短にす

るためには、注文したそれぞれの店で要した調理時間をすべて等しくすればよいことが知られている。解答にあたっては、この事実を用いてよい。

(1) 注文量の合計が $a = 2, 6$ のそれぞれの場合について、肉屋 X, Y への注文量 x, y および待ち時間 T を求めよ。

(2) $y > 0$ となる a の範囲を求めよ。

(2011 年　理科Ⅲ類を除く後期　第 1 問改題)

▶解法のステップ

【STEP1】 調理時間の数式を言葉で説明できるか？

【STEP2】 待ち時間がどんなふうに変化するのか？

【STEP3】 待ち時間最短のルールとは？

【STEP4】 調べる量を少なくするには「逆を考えよ」とは？

2つの1次関数から見える2つの量

解　答

(1)題意より、$\begin{cases} s = 4 + \dfrac{2}{3}x \text{（肉屋Xの調理時間）} \\ t = 6 + \dfrac{1}{3}y \text{（肉屋Yの調理時間）} \end{cases}$ ──STEP1

(i) $a = 2$ の場合

もし、肉屋Xだけに注文したとすると、

$$s = 4 + \dfrac{2}{3} \times 2 = 4 + \dfrac{4}{3} = \dfrac{16}{3} \ (< 6)$$

よって、肉屋Xだけに注文すると6分かからない。 ──STEP2

Yは調理の準備時間が6分なので、肉屋Xだけに注文したほうが早い。よって、$(x, y) = (2, 0)$ の場合で、待ち時間は、

$$T = \dfrac{16}{3}$$

(ii) $a = 6$ の場合

もし、肉屋Xだけに注文したとすると、

$$s = 4 + \dfrac{2}{3} \times 6 = 4 + 4 = 8$$

もし、肉屋Yだけに注文したとすると、

$$t = 6 + \dfrac{1}{3} \times 6 = 6 + 2 = 8$$

となる。

つまり、肉屋 X と肉屋 Y に分けて注文したほうが早いとわかる。題意の最短ルールより、$s = t$ の場合が最短となる。

STEP3

$x + y = 6$ なので、$y = 6 - x$ と書き換え、$s = t$ に代入すると、

$$4 + \frac{2}{3}x = 6 + \frac{1}{3}(6 - x)$$

となり、式変形すると $x = 4$ が成立する。

これから、$y = 6 - 4 = 2$ が成立する。

よって、$T = 4 + \frac{2}{3} \times 4 = \frac{20}{3}$

$$\begin{cases} a = 2 \text{ の場合、} (x, y) = (2, 0) \text{ で、} T = \frac{16}{3} \\ a = 6 \text{ の場合、} (x, y) = (4, 2) \text{ で、} T = \frac{20}{3} \end{cases}$$ 【答】

STEP4

(2) $y > 0$ となるのは、肉屋 Y だけに注文した場合または肉屋 X と肉屋 Y に分けて注文する場合である。つまり、肉屋 X だけに注文した場合を除いた場合である。

肉屋 X だけに注文する場合、待ち時間は、

$$T = 4 + \frac{2}{3}a$$

これが肉屋 Y の準備時間以内の値なので、

$$4 + \frac{2}{3}a \leq 6$$

となる。式変形すると、

$\frac{2}{3}a \leq 2$ よって、$a \leq 3$ が成立する。

求めるのは、この条件を除いた場合なので、$a > 3$ 【答】

解　説

　求めるのは**待ち時間が一番短い場合**です。

　そして、「待ち時間を最短にするためには、注文したそれぞれの店で要した調理時間をすべて等しくすればよい」という、解答に極めて近い条件（$s = t$）も示されています。sとtの2つの1次関数も示されています。となれば、(1)の答えはすぐにも求められそうです。

　問題は(2)です。与えられた条件や(1)の結果を踏まえて考える必要があります。

　数学は「**物事を考え、評価する学問**」です。

　(2)は範囲を聞いてきていますから、そこでピンときてほしいのが、**不等式の活用や最大値と最小値の考え方**です。観察する現象がどんな変化をするか調べるときには、まず大枠を決めることから始めるのが賢明です。そこで役立つのが、ここに登場する最大値と最小値です。

　最大値は、現象が最も大きく変化する場合を示し、最小値は、現象が最も小さく変化する場合を示してくれます。

　これらが判明すると、後はその枠内だけを調べればよいわけです。

　この問題で登場する1次関数（比例の式）は、単純な変化なので、公式で簡単に解けそうな印象を与えます。しかし、その甘い評価だと、本問を解くことも問われている課題にも気づかないでしょう。

【STEP1】調理時間の数式を言葉で説明できるか？

　肉屋Ｘの調理時間は、$s = 4 + \dfrac{2}{3}x$と書かれています。これは、

肉屋 X では調理する準備にまず4分かかり、肉1[kg]に対して$\frac{2}{3}$分 = 40秒の調理時間がかかるという意味です。

同様に、肉屋 Y の調理時間は、$t = 6 + \frac{1}{3}x$ と書かれています。これは、肉屋 Y では調理する準備にまず6分かかり、肉1[kg]に対して$\frac{1}{3}$分 = 20秒の調理時間がかかるという意味です。

つまり、準備する時間を比べると、肉屋 X は4分、肉屋 Y は6分かかります。

また、調理時間は、肉1[kg]に対して、肉屋 X は40秒、肉屋 Y は20秒かかります。

「肉屋 X に比べて肉屋 Y は2倍のスピードで調理できる」とすぐに言い換えられた人は、いいセンスをしています。

簡潔に肉屋 X と肉屋 Y を比べると、肉屋 X は、準備時間は短いが調理時間が長く、肉屋 Y は、準備時間は長いが調理時間が短いのです。

このように、数式からイメージすることが重要です。

【STEP2】待ち時間がどんなふうに変化するのか？

肉の量が少ない場合、肉屋 X の準備時間と調理時間の合計が肉屋 Y の準備時間より短いことがあります。

このときは、肉屋 X だけに注文したほうが短い時間で終了できます。

【STEP3】待ち時間最短のルールとは？

問題文に「複数の肉屋に分けて注文する場合、待ち時間を最短にするためには、注文したそれぞれの店で要した調理時間をすべて等しくすればよい」とあります。

これは、「2つの店に注文する場合、それぞれに注文する調理時間を同じにするのが最短だ」という意味です。

たとえば、肉屋Xで合計10分かかるなら、肉屋Yでも合計10分かかるように注文するのが最短だということです。

このルールは、考えてみると当然なことです。一方の店の調理が終わっているのに、他の店の調理が終わるまで待っているよりも、終わっていない分を手伝って調理したほうが早いのですから。

【STEP4】調べる量を少なくするには「逆を考えよ」とは？

調べる範囲、量は少ないほうがよいです。たとえば、100個中98個を調べる場合、逆に残りの2個（= 100 − 98）を調べたほうが効率的です。

肉屋Yに注文する場合を調べます。量が少なければ、肉屋Xだけに注文したほうが早いので、肉屋Yに注文するためにはそれなりに多くの量を注文する必要があります。

そうなると、肉屋Xと肉屋Yに注文するパターンと、肉屋Yだけに注文するパターンの両方を調べる必要があります。

しかしここで、165ページの計算結果でわかるように、肉の量が3〔kg〕以下のとき、肉屋Xだけに注目したほうが早い。求めるのは、この場合の逆なので、肉の量が3〔kg〕だとわかります。

最大値と最小値で範囲が見える

数学的な考え方

　人は、年を重ね、経験を重ねると「思い込み」が増えてきます。**いわゆる「当たり前」に何でも判断してしまいます。**

　こういう人は、自分が判断できないものに出合うと、臭い物に蓋をするように排除する傾向があります。

　逆に、都合のよいことにはとことん甘い評価をしてしまいます。それでは、自分で物事を判断できない操り人形状態に陥ります。

　そんな状態にならないためにも、きちんと考える訓練が大切です。具体的には、この問題で紹介したように**「大枠を評価すること」**がまずは大事です。

　評価するには、基準や範囲を明確にしなければなりません。ここをおろそかにしてしまうと判断を誤ります。

　その他にも、あなたが、「最低でも100セットできます」「一番最短で今週末に終わります」「最大で1万円値引きです」などと人に伝えることができれば、相手も判断しやすくなります。「最低でも」「一番最短」「最大で」という表現が範囲を決めています。

　「言い方」が少し変わっただけで印象は変わります。「最大で1万円値引きです」の場合は、「1万1円以上の値引きはないが、500円の値引きもあれば、5000円の値引きもあるよ。一番多くて1万円の値引きですよ」という意味になります。これを個別に値引きの金額を並べたのでは、情報がブレすぎて、お客様や店員を混乱させる恐れがあります。

たくさんの情報をそのまま並べて伝えればいいというものでもありません。そこで、「ここからここまで」というものさし（基準）が重要なのです。「最大で1万円、最低でも500円値引きできます」というように、最大値と最小値を提示したほうが、イメージはしやすくなります。

自分が情報を受け取る側でも、判断する視点は重要です。「1万円値引きです」と記載されている商品を見て、すぐ飛びつくのではなく、「対象は誰だろう？」「期間はいつまでだろう？」と批判的に見る習慣を持ちましょう。

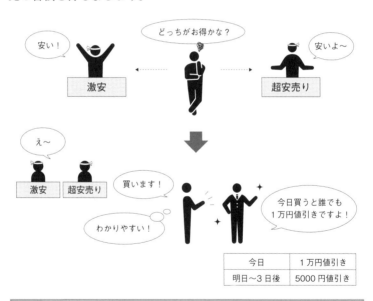

①基準は何か？（評価するポイントを明確にすべし）
②範囲は？（最低限と最大限の振れ幅を調べるべし）
③求められているのは？（相手が知りたい情報を察知すべし）

演習問題

Q. 自分の部屋から何歩で玄関まで行けるかイメージしてください（通常の歩幅で）。その際に、必ず最少と最多を設定すること。

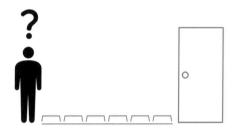

HINT!

「どんなに少なくても20歩、多くても40歩はかかる」などと範囲を決めましょう。あまりにも歩数の幅が広いとおもしろくありません。たとえば、玄関までの部屋の数が2部屋なら10歩以内、3部屋なら20歩以内という具合に設定します。　※解答は198ページ

第15時限

「わかっているつもり」から抜け出す秘策

❓ 問　題

円周率が3.05より大きいことを証明せよ。

(2003年　理科前期　第6問)

▶解法のステップ

【STEP1】そもそも円周率とは何か？

【STEP2】余弦定理で求められるものを知る

【STEP3】不等式と2乗の関係は？

円はそのままでは測れない

解　答

半径1の円周の長さは2π（πは円周率）。その円に内接する正八角形を描き、その正八角形を8等分した1つ分を$\triangle ABC$とする。

STEP2

余弦定理より、辺 AC の長さは

$$\sqrt{1^2 + 1^2 - 2 \times 1 \times 1 \times \cos 45°} = \sqrt{2 - 2 \times \frac{\sqrt{2}}{2}} = \sqrt{2 - \sqrt{2}}$$

正八角形の周の長さは、AC の長さの8倍なので、$8\sqrt{2-\sqrt{2}}$ と表わせる。なので図より、

$$2\pi > 8\sqrt{2-\sqrt{2}}$$

が成り立つ。つまり、$\pi > 4\sqrt{2-\sqrt{2}}$ となる。

ここで $\pi > 3.05$ を証明するには、

$$4\sqrt{2-\sqrt{2}} \geq 3.05 \quad \cdots\cdots ①$$

を調べればよいとわかる。

> 両辺正なので2乗しても大小関係は変わらないので、
>
> $16 \times (2 - \sqrt{2}) \geq 3.05^2 = 9.3025$ ……①′

を証明すればよい。

STEP3

$$
\begin{aligned}
(左辺) - (右辺) &= (32 - 16\sqrt{2}) - 9.3025 \\
&= 22.6975 - 16\sqrt{2} \\
&\geq 22.6975 - 16 \times 1.415 \\
&= 0.0575
\end{aligned}
$$

よって、①′が成り立つので、①も成り立ち、題意は証明された。

【証明終】

解　説

　求めるのは**円周率の評価**です。たった1行だけの問題ですが、非常に重要なメッセージがあります。

　円周率は3.14……と続く値です。1992年度実施の小学校学習指導要領の改訂により、小数点以下のかけ算・割り算を学ぶ前に、円の面積を先に学ぶことになりました。そのため、手計算では円周率を3で処理する場面が出てきました（実際は電卓で3.14でもきちんと計算する授業が行なわれていました）。

　ただ、「円周率が3で教えられている！」というニュースが大きく取り上げられ、"ゆとり教育"の象徴としてクローズアップされると、結果的に2003年には文科省が臨時で学習指導要領を一部改訂する事態になりました。

　そんな2003年理科前期に、この問題が登場しました。まるで「そのニュースに物申す！」と言わんばかりの内容です。

　正直、円周率が3か3.14かといった数字上だけの議論はあまり意味がありません。東大も同じ意見と思われます。

　そうではなくて、「そもそも円周率とは何か？」という根本的なところに意識を向け、日々学んでいる内容にもっと興味を持ってほしいのです。

　当たり前に使っている公式が「いつでも使えるのか？」「言葉の意味がわかっているのか？」という視点が重要です。

　もっといえば、純粋に勉強を楽しめる人、社会に広く興味・関心を持つ人が現われることを期待しているようにも思えます。ただの警告ではなく、そういった人を手を広げて歓迎しているような印象を私は持ちました。

ちなみに、この問題が「円周率が3より大きいことを示せ」という内容なら、実は小学生のレベルでも十分解くことができます。

　細かい計算は抜きにして結論を述べると、もし円周率が3とすると、「円は正六角形です」というのと同じなのです。「それはマズい」と思いませんか？　円周率が3だったら車は走りません（正六角形のタイヤで走ると危なっかしいでしょう）。

　当たり前のことに向き合うことで、本質をどんどん理解し、利用できるようになります。

【STEP1】そもそも円周率とは何か？

　「円周率が3.05より大きいことを証明せよ」とは、**「大小を比べなさい」**という意味です。

　円周率の大きさを調べるには、円周と直径がわかればよいのです。直径は定規で測ればすぐにわかりそうですが、円周は丸いので定規では測れません。調べるには工夫が必要です。

　ここで、「大きい」ことを証明するには**「円より小さい図形を利用すればよいのでは？」**と思った人は、よいセンスです。

　そこで、円と正八角形を比べる方法をとります。円の内部に、円に接するように正八角形を描きます。円周とその正八角形の周の長

さを比べると、明らかに円周のほうが長くなります。もし、その正八角形の周の長さが3.05よりも大きい場合、それよりも大きい円周ももちろん3.05よりも大きいといえます。これがキモとなる流れです。

古代ギリシャの数学者・アルキメデスも同様の方法で、円周率の評価を行ないました。ただし、アルキメデスが行なったのは正96角形（ぱっと見、ほぼ円です）を描いて計算しました。

他にも数多くの人が挑戦しましたが、中でも有名なのが、ドイツ人のルドルフ・ファン・コイレン（1540~1610）です。ルドルフが用いた多角形は、なんと正461京1686兆184億2738万7904角形です。なんとも気の遠くなるような数です（ただしルドルフの死後、計算結果の36桁目以降は誤っていることが判明しました）。ドイツでは、彼の功績をたたえて円周率を「**ルドルフ数**」と呼ぶこともあります。

【STEP2】余弦定理で求められるものを知る

「**余弦定理**」とは、三角形の2辺とその間の角がわかっていれば、もう一辺の長さを調べられる公式です。以下の図形で確認しよう。

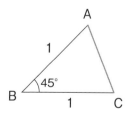

余弦定理とは、次のとおりです。

【余弦定理】$AC^2 = AB^2 + BC^2 - 2 \times AB \times BC \times \cos \angle ABC$

余弦定理は、次のようにも表わせます。

【余弦定理】$\cos \angle ABC = \dfrac{AB^2 + BC^2 - AC^2}{2 \times AB \times BC}$

求めたいものによって、この定理は変化させることができます。1つの手段だけに固執せず、柔軟に対応できる考えが求められます。
この問題では、上の長さを求める形を利用します。

【STEP3】不等式と2乗の関係は？

10＞4という大小関係が成り立っているとき、両辺をそれぞれ2乗すると、$10^2 = 100$，$4^2 = 16$なので、$10^2 > 4^2$が成り立ちます。

10＞4の場合、両辺を2乗しても大小関係は変化しません。

－10＜－4という大小関係が成り立っているとき、両辺をそれぞれ2乗すると、$(-10)^2 = 100$，$(-4)^2 = 16$なので、$(-10)^2 > (-4)^2$が成り立ちます。

－10＜－4の場合、両辺を2乗すると大小関係は変化します。

この違いは、**両辺正か否か**です。不等号で両辺とも正であれば、2乗してもその不等号は変わりませんが、両辺の少なくとも一方が負であれば、大小関係が変わる可能性があります。

173ページの解答の①の$4\sqrt{2-\sqrt{2}}$と3.05は両辺正なので、2乗しても大小関係は変わらず、計算すると、$16(2-\sqrt{2})$と9.3025になります。

ここで、$\sqrt{2} ≒ 1.4142$より、大小関係は$16(2-\sqrt{2}) > 9.3025$とわかるので、証明されました。

「知っている」と「できる」の違い

 ## 数学的な考え方

　頭ではわかっているけれど、うまく言葉にできない……。これは実際のところ、「わかったつもりになっている」だけです。なんとなく、「その場を乗り切れればいい」という気持ちからくるもので、皆さんにもきっと心当たりがあると思います。

　これは何も、「すべての言葉に責任を持って完璧に生きよう！」と言っているのではありません。もちろん、そんなの無理です。しかし、自分が関わっている分野、仕事や勉強においては責任を持つ必要があります。意味を考えずに、右から左への流れ作業なら、それはロボットに任せればいいわけです。血が通った人が行なう仕事や勉強なら、**意味や価値を生み出していきたい**ものです。

　私が関わってきた人たちの中で、知ったかぶりで結果が出せない人たちの共通点は「これ、それ、あれ」の指示語が多いことです（わざわざ言葉にしなくても、周りの人が空気を察して理解してくれる、そんなありがたい環境にいるとそうなるのも納得ですが）。

　指示語は便利ですが、それでは物事を正しく評価したり、批判したりはできません。そればかりか、**乱発すると脳の成長を抑えてしまいます。**そうしていると、説明するのがどんどん苦手になります。面倒になります。その結果、何かに挑戦しよう、失敗しても頑張るという意欲がなくなってしまい、"負の連鎖"が止まりません。

　最初はうまく説明できなくても、訓練です。人から質問されたときに、うまく説明できなかったときこそ成長するチャンスと捉える

ことが大切です。自分の知識不足が明確になりますし、次に説明するときはその経験を活かせるからです。

このできる力を伸ばしたい人は、たとえば**家族や友だち、恋人と外食してください**。ふだん行かない店ならより効果的です。「前に行った店より椅子が柔らかくて気持ちいい」「店員が巻いているワインレッドの前かけ、カッコいい」など、表現力が豊かになります。

さらに、その日のうちに次回の予定をその場で決めてみましょう。「何月何日に〇〇へ行こう！」という何気ないひと言が、成長を促すのです。

人との会話、議論、口喧嘩、すべて、何気ない日常が明日の豊かさを生みます。刺激の中で、あなたの言葉も深みを持つでしょう。

①わかったつもりにしている自分に気づく（指示語の乱発には要注意）
②ふだん行かない場所に出かける（脳に刺激を与え、表現を磨く）
③次回のスケジュールを立てる（何となくを明確にする）

演 習 問 題

Q. 『桃太郎』の話を15秒で説明してください。

　文章を書き出し、台本を用意してもよいのですが、まずはストップウォッチやタイマーで時間を計りながら挑戦してみましょう。

HINT!

　時間がまったく足りなかったり、何も言えなかったりした場合は、要素（桃・おじいさん・鬼など）を書き出して、再度チャレンジしてみましょう。

※解答は200ページ

演習問題の解答

第1時限

　まず、「パン」がどんな種類かが気になります。食パンか？　あんパンか？　調べないで考え始めると危険です。正解に近づくには、このように問題文に含まれるキーワードを見つけて（分解力）、そこに含まれる意味を考えることが必要です。

　たとえば、今回の問題では他に「人数」が出てきます。実はここに落とし穴がひそんでいます。数学では問題文に「人数」が出てくると単純に割り算を使いたくなりますが、これがあやしい。人は、性別・年齢・国籍など、多種多様です。1人として同じ人はいません。その人の状態や体の大きさ、行動タイプなどでも、パンの必要量は異なってきます。

　ここでは、こうした要素を意識して考えることが大切です。食パンのように1個（1斤）が大きければ分けやすいでしょう。また、妊婦のお母さんがいれば、あんパンを2個あげて栄養を摂ってもらうのも適切です。

　無人島で5人の友だちが助けを待っているなど、緊急事態の場合は、また事情が違ってきます。食事をすでに済ませてお腹いっぱいの人がいれば、パンの配分からその人を除いてもいいわけです。

　さらに、この問題では、「全員が納得するように」分ける必要があります。この表現にも単純に7等分ではおさまらない意味が含まれています。

　以上のように、勝手に状況をつくり出すのではなく、キーワードとなる言葉を見つけて、「この言葉はどういう意味だろう？　実際の現場はどうなっているのか？」などとイメージをめぐらせることは、思考のトレーニングには重要です。

　その入り口で、分解力が必要で、文章を分解することによって思考をめぐらすための焦点が定まってきます。キーワードを押さえたら次のステップです。

　たとえば、以下のように設定した際の模範解答はどうなるでしょうか？

〈パンの種類〉
　5個ともすべて同じあんパンです。大きさは通常市販されているものです。

〈おかれている状況〉

　自然災害により、食料が自由に手に入らない緊急事態です。いつこの状況が回復するかわかりません。1日1回あんパンの配給があり、ふだんは7個ですが、今回は5個だけ支給されました。

〈人員構成〉

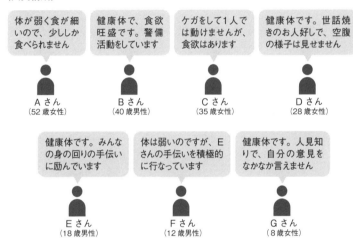

なお、全員日本人です。

　この場合、あんパン5個をまず半分に割ります。すると、あんパン（半分）が10個になります。半分といっても、大きさにバラつきがあるはずなので、大きめに割れたほうをA、C、D、F、Gに1個ずつ与え、小さめに割れたほうをB、Eに2個ずつ与え、残りの1個をA、C、D、F、Gでジャンケンして勝った人に与えます。

第2時限

　正解を先に言うと「鉛筆を持参する」です。ボールペンの場合、無重力の宇宙ではインクがうまく出ませんが、鉛筆の場合は、地上で書くのと同じ要領で宇宙でも利用できるからです。

　さて、どうして、この結論に至ったのでしょうか。まず、問題文を分解して

キーワードを見つけます。次のような言葉が気になりませんか。
「ボールペンが宇宙では使えない」
　宇宙空間が無重力なのでインクがペン先にうまく出てこないという理由も書かれています。このトラブルに対して、A国とB国は、それぞれ異なる視点で解決策を求めたことが、「A国は、最高の研究者を集め、多額の研究費を使い」と、「B国は研究者も研究費も使いませんでした」という2つの表現でわかります。
　こうした対立する表現を見つけ出すときも適切な分解力が必要で、見つけ出せれば、次のステップで、焦点を絞って考えることができます。つまり、A国は「新型のボールペン」に活路を求め、B国はそうではなかった。開発には費用がかかり、費用をかけないようにするには、既存のものを使うことが見えてきます。ボールペンと同じ目的（書く）で利用できる、無重力に影響を受けない道具……鉛筆に結びついたわけです。
　ただし、鉛筆にも問題がないわけではありません。芯が折れたり、鉛筆を使って塵が出たりする危険性はあるので、厳密にいえば完璧な正解ではありません。
　また、宇宙空間でも使えるボールペンをゼロから生み出す努力もすばらしいものです。ただ、ここで気づいてほしいのは、すでに世の中にある物を活かしたり、組み合わせたりする工夫はもっと重要ということです。
　この話がつくり話かどうかは別にして、一生懸命に頑張っているときほど、手段から入って目的やゴールを見失いがちです。
　宇宙で「書く」ことが最重要課題なら、A国は人手も費用もかけすぎです。B国のように、すでに世の中にある鉛筆を活かすことを考えるべきでした。
　もちろん、A国は新しいボールペンの開発により大きな技術革新を遂げたはずなので、よい面もたしかにあります。
　しかし、A国のように「このやり方しかない」と決めつけて行動するのは危険です。言われたまま、聞いたまま、当たり前のように行動していると、他の手段を思いつきません。解決がむずかしい問題に直面したときほど、本来の目的に立ち返る姿勢が求められます。
　このように、言葉を分解、対比することで問題文が伝えようとしている本来の意味も見えてくるのです。

第3時限

突然、「自動販売機には何本の飲み物が入っていますか?」と聞かれても、業者さんでもない限り、即答できる人はいないでしょう。また、いくら数学の問題として出題されているからといって、決まった公式に乗せて導き出せる問題でもなさそうです。

このようなときこそ、問題文から、出題意図をしっかり読み取ることが大切です。つまり、問題文を分解して考え、考えていくために必要なキーワードを見つけることです。

この問題では、対象は1台の自動販売機。そこに「何本」の飲み物が入っているかを問うています。「それだけじゃわからないよ」「自動販売機の中には、飲み物の他にもいろいろ入っているだろうし、中を見たことないからね」という声も聞こえそうですが、そのとおりです。こう思えたら、わからないなりの答えの導き方をします。

問題文は短いので、細かく分解しなくても、設問の意図は簡単にわかりそうですが、そこに落とし穴があります。自動販売機と飲み物の大きさを「おおよそ」で比べて解答に迫る必要があることに気づかない人はたくさんいます。

収容本数のおおよその値を、自動販売機の大きさとジュース1缶の大きさを比較して計算してみましょう。

自動販売機の大きさを横幅120cm、奥行きが60cm、高さが180cmと仮定して計算すると、$120 \times 60 \times 180 = 129万6000$ (cm³) です。そして、ジュース1缶250ml (= 250cm³) と仮定し、単純に割り算すると、$129万6000 \div 250 = 5184$ (本) です。つまり、ジュース缶がすべて250ml缶の場合、自動販売機は約5000本入る大きさだとわかります。

しかし、自動販売機の中にはジュース缶そのものの他に、ジュース缶を冷やす冷蔵部分、お金を収納する部分など、ジュース缶を管理するための部分が存在します。

ここで、ジュース缶が自動販売機に占める大きさを調整し、計算してみましょう。

横幅120cmの80%が使われていると仮定すると、
$120 \times 0.8 = 96$cm
奥行き60cmの40%が使われていると仮定すると、
$60 \times 0.4 = 24$cm

演習問題の解答

高さ180cmの40%が使われていると仮定すると、

$180 \times 0.4 = 72cm$

このように、調整後の自動販売機の大きさは $96 \times 24 \times 72 = 16$ 万 5888（cm³）となり、収容本数は16万 5888 ÷ 250 = 約 664（本）となります。つまり、ジュース缶が650〜700本入る大きさだとわかります。

実際には自動販売機の収容本数は540本（250ml換算）のようです（キリンビバレッジのホームページより）。ペットボトルなどを含むともっと少ないでしょうが、かなり近い値といえるのではないでしょうか。

いかがでしたか。このような問題の意図に気づくには、日常生活の中での訓練が大切です。この問題でもわかるように、毎日見かける自動販売機も思考のトレーニングの対象に利用できるのです。

見過ごしがちな景色の中に「中はどうなっているんだろう？　どれくらいの大きさかな？」と、その本質に迫るような見方が求められています。問題文を分解してキーワードを拾い出したら、そこにひそむ意図を探ることが大切になりますが、探るためには、こうした日常の訓練が必要なのです。

こういった視点で見ると、世の中はもっと色鮮やかで多様な世界に感じられるでしょう。

第4時限

この問題文も読んだだけでは、その意図するところがすぐにはわかりません。文章を分解してわかることは、

- ディベートをしようとしていること
- 参加者は5人
- 2つのチームに分けたい

ということです。ならば、5人を適当に分ければ、それでいいではないかと考える人もいると思います。

では、その後の様子を考えてください。問題文にもあるように、人にはそれぞれ「性格」があります。その性格を無視して分けたらどうなるでしょうか。

たとえば、無口な人たちばかり揃ったチームでは、意見は飛び出しますか。逆に、自分勝手な人たちばかりが集まったチームはどうでしょう。ここではす

でに「想定力」(第2章)の必要性が出てきますが、分解力を発揮した後には、必ずと言っていいほど想定力が求められます。

では早速、解答に取り組むことにします。

言葉で判断するのはむずかしいので、まず5人の長所・短所を数字にして分析することにします。

まず、5人の特徴を分類してみましょう。表現はバラバラですが、「**行動力**」「**分析力**」「**交際力**」「**忍耐力**」「**決断力**」の5つに整理できると思います。

そして、得意なものを3点、得意でも苦手でもどちらでもないものを1点、苦手なものを0点というように点数化します。

たとえば、Aさんは頑固者で集団行動が苦手なので交際力は0点とします。しかし、決断が早いので決断力は3点、自ら率先して動くので行動力も3点とします。分析力と忍耐力は不明なので1点とします。

同様にBさん、Cさん、Dさん、Eさんも点数化していくと、以下の図表のようになります。

	行動力	分析力	交際力	忍耐力	決断力
Aさん	3	1	0	1	3
Bさん	1	0	3	0	1
Cさん	0	1	1	0	1
Dさん	1	3	3	3	0
Eさん	3	3	0	3	1

さて目的は、2つにチームに分けることでした。ここでは、2つのチームが5つの指標をバランスよく持つことを重視して考えましょう。

1人ひとりの各指標を集計して、必ず3点以上になるように2つのチームに分けると、以下のようになります。

チーム1

	行動力	分析力	交際力	忍耐力	決断力
Aさん	3	1	0	1	3
Dさん	1	3	3	3	0
合計	4	4	3	4	3

チーム2

	行動力	分析力	交際力	忍耐力	決断力
Bさん	1	0	3	0	1
Cさん	0	1	1	0	1
Eさん	3	3	0	3	1
計	4	4	4	3	3

演習問題の解答

もちろん、他の分け方もあると思います。まずは、問題文の分解に始まり、見つけ出したキーワードの関係を捉え、その意味するところを分析します。そして、自分の基準を組み立て、あるいは優先順位をつけてうまくチーム分けしてみてください。

第5時限

　想定力で求められるのは、頭の中で考える力です。しかし、根拠のないところで考えるのは夢想に近く、想定力とは異なります。ここでは、想定力を支える記憶力の強化法を演習することにします。

　実は、「あのお店の看板は何色だったっけ？」というように、単体だけを思い出すことはむずかしいものです。また、思い出せる数にも限界があります。

　ですから、まずはよく歩く道や通うお店を、大雑把で構わないので思い出してみましょう。

> 　駅を降りたら目の前にカレー屋があるな。部活帰りの男子学生とよくすれ違う。そうそう、駅前は古い飲食店が軒を並べていて、工事中の建物もあったな。角の交差点で必ず信号待ちをするから、横断歩道の手前のコンビニでしょっちゅうコーヒーを買うんだ。そこで時々、ショートヘアの女性を見かける。彼女はパンと雑誌をよく買っている気がする……。

　今度は紙に書き出してみましょう。書き出すことで、記憶の定着を図ることができます。そして、次のように情報をつけ足していきます。

> 　カレー屋の看板は黄色と茶色で、扉はたしかオレンジ。これは、お店から出てくる部活帰りの男子学生と一緒に思い出した。古い飲食店の中には学割サービスがあるお店もある。あの緑の看板の定食屋でハンバーグ定食を食べたいと思っていたんだっけ。17時頃に通るときは、女子学生がスイーツを食べていたな。あっ、そういえばカレー屋の3軒隣は、最近できたピンク色の美容院があったな。その向かいの喫茶店の前に、小さな柴犬がいたっけ。前を通る人がよく話しかけていたな……。

　こんな具合です。単体ではなく、お店と人物のセットで考えると、記憶がテ

レビのように鮮やかに浮かんできます。

　イメージできたら、実際にその場所に行って確認してみましょう。「あ、そうだ、こんなものもあったか」と、おそらく10%も思い出せていなかったことに気づくと思います。日常の風景にあふれる情報も、正しく記憶されているものは意外と少ないことに驚くのではないでしょうか。

　自分の思い込みを検証したら、次は仮説を立ててみましょう。いよいよ、想定力の強化の領域に入ってきます。たとえば、工事中の建物に入居するお店の種類は何かを考えてみましょう。

> 通りを行き来するのは学生がメインで、部活帰りが多いこともあって飲食店が点在している。チェーン店は少なく、個人で経営しているお店が多い。昔からのアパートが目立つが、新築のマンションもどんどん建ってきている。工事中の現場は駅を降りて徒歩30秒の好立地。建物の外観から、どうやら8階建てのようだ……。

以上のことから、お店は「不動産屋」と想像できます。古い飲食店やアパートが多い中で、新築のマンションが増えてきているので、人の流動を管理する不動産屋が有望と考えられるからです。

　仮説と検証を繰り返していくとどうなるか？　結果を出すために、どんな準備が必要で、どの程度必要なのかが容易に把握できるようになります。日頃の何でもない観察から仕事の内容が変わり、将来に大きな差を生みます。こうした訓練から夢想とは異なる、事実に基づいた想定力を育てることができます。

第6時限

　ここでの問いかけは「どんな行動に出ますか？」です。この問いに対して「どんな行動をとっても勝手だろう」という答えでは、前に進みません。大事なのは、とった行動が引き起こす結果をどのように想定するかということです。

　たとえば、一番大切にしたい基準を「家庭生活の基盤をしっかりする」とした場合を考えます。自分のパートナーや子どもの安心を最優先するなら、今後もいまの仕事を続けて経済力を維持・上昇させることが大事ですから、②を優先すべきですし、家族と過ごす面で心の支えを重要視するなら、③を優先すべきです。

今回の問題で最も危険な考え方は、失敗する事実についてあれこれ考えてしまうことです。言い訳や逃げ道を考え、どうにか誤魔化せないかを必死に考えることは愚かな行動です。その場は回避できるかもしれませんが、一度誤魔化してしまうと2回、3回とクセになり、小さなミスもいつか、自分ではどうしようもない大事故に発展してしまうことになりかねません。

　ここで大事なポイントは、前にも述べましたが、自分が選択した結果を想定してみることです。

　①を選択すれば、友だちとの久しぶりの再会に話が弾み、親睦を深められます。しかし、他の用事をキャンセルした後悔で表情が曇り、友だちを心配させる可能性があります。

　②を選択すれば、誠心誠意で謝り、今後の取り組みの改善を宣言する姿勢を見せることで、先輩との信頼関係は崩れずに済むでしょう。事の運びによってはすぐに済むかもしれないので、他の用事に迅速に移れる可能性も高いといえるでしょう。

　③を選択すれば、家族とのつながりを深めることができ、おじいちゃんも喜んでくれるでしょう。しかし、他をキャンセルした対応でスマホを何度もチェックするようなら逆効果です。せっかく楽しい時間を共有しているのに、忙しい雰囲気を出すのは、その場にいる人たちに迷惑だからです。

　このように、選択した後の出来事を想像することができれば、何を選べばよいか自ずと決まってくるでしょう。

　人はたくさん失敗します。うまくいかないほうが多いはずです。でも、そのたびに逃げていては、人生の岐路で一生の後悔を残すかもしれません。できるだけ何を選択すべきかを考え、その結果を想像し、納得できる道を歩きたいものです。

第7時限

　結論を先に言うと、日本の宝くじ（年末に行なわれる大規模なものなど）の賞金総額は、売上の約46％程度です。半分以上は、賞金以外に使われています。

　では、残りの54％以上はどこにいっているのでしょうか？　ここからが「想定力」に関わってくる思考につながる内容です。

　ご存じのように、宝くじはテレビCMでバンバン宣伝されています。広告宣伝費だけでなく、当選発表の際の会場費や、マスコット使用料、幸運の女神キ

ャンペーンガール、多種多様な人たちの人件費などに使われています。同時に、社会貢献活動にも使われています。

たとえば、東日本大震災のときには義援金として利用されたり、地方にお金を流して地域活性化に取り組む運営費として利用されたりします。

このように、宝くじはお金を世の中に流通させるうえで、大変強力なシステムなのです。

運営に回される費用は想像しやすいかもしれませんが、利用法になると、実際に恩恵を受けたり、見聞きしたりしないとわかりにくいかもしれません。しかし、町会などの物品や介護事業で使われている車などに、「宝くじの助成金」などの文字を見つけることができます。こうした情報に触れることも「想定力」強化につながります。

さて、宝くじの話に戻りますが、もちろん、売上の50％以上が賞金以外に使われていますから、「もっと賞金に回せ！」という声も聞こえてきそうです。

しかし、「ただ還元率が低い！」ことを理由に不満を叫ぶのはいかがでしょうか。宝くじを楽しむ私たちが、賞金以外の売上の使い方に対して興味を持ち、「地域の〇〇にも使ってほしい！」「せっかく集まったお金で、もっと□□していきましょう！」と前進のための意見を発信すれば、また宝くじの流れも変わってくるかもしれません。

宝くじのことだけでなく、さまざまな施策において、実際の数字を知り、世の中を見ていく。そこで想定力を働かせ、その是非を判断し、よりよい社会を生み出していく。学びをそういうふうに活かせると最高です。

第8時限

単に「300円分」という金額だけで考えるなら、簡単な買い物ですが、ここで考慮しなければならないのが「満足度」です。実際の買物では、満足度は人さまざまです。しかし、ここでは満足度がポイントで与えられています。自分が感じる満足度ではなく、与えられた条件で満足度を考えます。

模範解答として「②アメを2個＋③ポテトチップスを1袋＋⑥ドーナツを1袋買う」という例を紹介し、どのように想定力を働かせるかを見てみましょう。

満足度が最も高くなるように300円を使う場合を考えるのですから、満足度と金額を考慮して計算してみましょう。

結果から述べると、「③ポテトチップスを3袋買う」または「②アメを2個

＋③ポテトチップスを1袋＋⑥ドーナツを1袋買う」と、どちらも満足度が105ポイントになり、これが最も満足度が高い組み合わせです。

しかし、イメージしておきたいのは「ポテトチップスを3袋買ったところで、本当に満足度は105ポイントと高くなるのか？」ということです。同じおやつを2つ以上買ったときの満足度は、ここではわかりません。中には、ポテトチップスだけで満足する人もいると思いますが、多くの人は他のおやつも食べたいという欲求があるのではないでしょうか。

そういう目に見えない部分まで想像し、最適化を考える（想定力を働かせる）と、学びは深まるはずです。数学は何も無機的なものではありません。むしろ、活き活きと"考動"していくために欠かせないエネルギーをつくってくれるのです。それに気づけると、数学の面白さはさらに高まります。

第9時限

反論を述べるには、単純に相手に対して「ダメ出し」をするだけでは不十分です。また、自分ではまともな意見と思っていても、自分勝手な理由であれば、聞き手は納得してくれません。

相手の意見と持論を比較し、最終的に自らの主張の正当性を伝えなければなりません。この正当性を支えるのが「論証力」です。

たとえば、「電子書籍は、メモを取りづらいからダメ」「電子書籍は使い方がよくわからないからダメ」という理由で、話が終わってはならないということです。

ではどう書くか、論証の模範解答を以下に示しておきます。

たしかに電子書籍は、大量の参考書や辞書をコンパクトに持ち運べるという大きなメリットがある。いうなれば、本棚を簡単に持ち運びできるようなものだ。出題科目数も範囲も多い東大の入試には便利だろう。

しかし、便利さゆえの問題がある。それは思考時間の削減だ。人は便利であればあるほど、面倒な行動をとらなくなっていく。

考えてみてほしい。いままで行なっていた取捨選択や優先順位を考える必要はなくなるし、わからない文字があればすぐに検索できる。勉強の際にはできるだけ電子書籍を利用し、その場その場をやり過ごそうと考えずにはいられないはずだ。これでは成長を妨げてしまう。

> それに対して紙の場合は、面倒な作業は多いが、より使いやすくするために付箋を貼ったり、書き込みを行なったりして、自分なりの工夫をしやすいだろう。
>
> 東大は、情報を国語や英語や「数語」で翻訳する力を求めている。つまり、受験生は電子書籍と同じような頭の使い方ができなければならない。その手間を普段から惜しんでいれば、合格は必然と遠くなるだろう。
>
> もちろん、問題を自分で考えてから利用すればいいかもしれないが、人は楽を覚えてからは面倒なほうに戻れないものだ。
>
> 紙での勉強は、その点、情報不足に必ずぶち当たる。そのため、自分の頭で考えなければならない場面にたくさん遭遇する。
>
> 結局は、面倒なことを通して工夫しやすい「紙」で勉強すべきだというところにたどり着く。その勉強姿勢が、東大合格の一番の近道だと私は考える。

いかがでしょうか。無理のない論理で思考が進められていることがわかるはずです。そして、物事には長所と短所があることも指摘し、利用のされ方から選択の基準を明らかにして、反論を結論づけています。

第10時限

常識と思っていることや一般的に言われていることなどを改めて問われたり聞かれたりすると、とまどいを感じることがあります。しかし、常識と思っていることの中にも、本来の意味とは違っていることが多くあります。

「参勤交代」などもよく間違われる例です。制度の本来の目的と実施することで得られた結果の違いを区別したり、制度の意味の変遷などをきちんと覚えたりすることが求められています。もし、根拠のない俗説をそのまま論証に用いたりすれば、厳しい反論に合ってしまうでしょう。

山川出版社の『新日本史B』の教科書を見ると、以下のような記述（模範解答）があります。

> そのなか（武家諸法度寛永令）で、大名には国元と江戸とを1年交代で往復する参勤交代を義務づけ、大名の妻子は江戸に住むことを強制された。
> 規定では在府（江戸）1年・在国1年であるが、関東の大名は半年交代

であった。参勤交代によって交通が発達し、江戸は大都市として発展したが、大名にとっては、江戸に屋敷をかまえて妻子をおき、また多くの家臣をつれての往来自体も、多額の出費となった。

これは「経済状況を弱めさせること」が目的だという記述ではありません。結果的にそうなったという事実がわかるにすぎません。

ちなみに、本題のテーマが、東大で過去に出題されたことがありました。

【問題】
　参勤交代が、大名の財政に大きな負担となり、その軍事力を低下させる役割を果したこと、反面、都市や交通が発展する一因となったことは、しばしば指摘されるところである。しかし、これは、参勤交代の制度がもたらした結果であって、この制度が設けられた理由とは考えられない。どうして幕府は、この制度を設けたのか。戦国末期以来の政治や社会の動きを念頭において、150字（句読点も1字に数える）以内で説明せよ。

(1983年　文科前期　第3問)

東大が問題提起をしているように、参勤交代の制度を誤って解釈している場合が散見されます。

実は、参勤交代の当初の目的は「主従関係の確認」でした。しかし、各大名は参勤交代の道中でお金を娯楽で使い込んだり、アルバイトを雇って他の大名よりも豪華な行列をつくったりと、経済状況を逼迫させた部分が目立ってきました。

そこで、三代将軍徳川家光はそれを戒めるために、「武家諸法度」という大名たちのルールを定め、贅沢を禁止しています。「従者の員数、近来はなはだ多し。その相応をもって、これを減少すべし」と、怒りを込めて記載してあります。

当たり前のことでも、自分で意見を述べる際は、念入りに下調べすることが重要です。

第11時限

論証で大切なのは、お互いが同じ言葉で話すということです。この基本が成

り立たないと、互いの論理がかみ合っていきません。えてして、そういうことは起こりがちなので、議論をするときには最初に気をつけなければいけません。この演習問題でも同様の問題が考えられます。

「その男の子がウソをついていた」というのは、誰でも思いがちな結論だと思います。しかし、ウソをついておらず、掃除をしたのにこういう状況もよく起きます。

なぜ、こんなことが起きるのか？　答えは簡単です。**いつも掃除している人にとって、小学4年生の男の子の掃除は掃除といえるレベルではなかったから**です。

小学4年生の男の子が「掃除をやった」といくら言ったところで、掃除に慣れている人からすると、「どこをやったの？　全然やっていない。ウソをつくんじゃない！」となります。言葉を戦わす土台が違っていることがわかります。

こういう言葉のすれ違いは、大人同士でもよく起こることです。

皆さんにとって、掃除はどんなことだとイメージしますか？

- 床に落ちている物を拾い、元あった場所に戻す。
- 窓を開けて、掃除機をかけて、床掃除をする。
- 机の上にある物を元の場所に戻す。
- 散らかっている場所を、ブルドーザー方式で壁際に移動させる。

他にもいろいろとあると思います。同じ言葉でも、人によって意味が異なります。

ですから、やり方をまだ知らない初心者には何をどう行なうのかを熟練者は具体的にきちんと伝える必要があります。

最初は、一緒に行なうのがよいでしょう。このとき、熟練者は早く上手にできるので、初心者に対してイライラしがちです。「さっき教えたでしょ！　何でできないの？」と。

慣れてない人は、わざとできないわけではありません。失敗を恐れ、うまく行動できないのかもしれません。

できる人も、最初からできたわけではないはずです。相手の状況を汲み取った伝え方が重要になります。「自分にとっての当たり前」のズレを知り、自分の言葉が伝わっているかどうかを確認しましょう。

この問題には、こうした起こりがちなズレに対処する心構えの大切さに気づ

いてほしいという思いも含まれています。

第12時限

「論じる」というのは、「ある意見について、肯定か否定かを明確にし、その理由を順序立てて読み手に説明するものです。その意味で、自分の意見を述べて体験を語るだけで成立する感想文とは異なります。

書き方の流れを知りましょう。

①問題提起
「○○はよいことだろうか」「△△は正しいだろうか」

②相手の意見に譲歩
「たしかに●●である」

③自分の意見説明
「しかし▲▲である。◆◆は問題だ」

④理由説明
「なぜなら、□□だからだ」

⑤例示
「たとえば、▼▼ということがある」

⑥まとめ
「したがって、◎◎だと思う」

上記を意識して書いてみると、以下のようになります。

> パソコンが、私たちの生活を貧しくしていないだろうか。
> たしかに、パソコンは私たちの生活に悪影響を与えている側面がある。パソコンがあれば、友人と直接会わずに、メールのやり取りだけで交流も容易にできてしまうが、こうしていると、実際に人と関わるのが苦手な人を量産し、社会性のない人が増加してしまう。現に、ひきこもりやニートといった人が増えている問題が起こっている。
> しかし、その道具自体が問題ではなく、道具を扱う人にこそ課題があるわけである。利用の仕方によっては、いままで関われなかった世界中の人

> たちと容易に連絡でき、会社に行かなくても家で仕事ができるようになった。消極的に他人とコミュニケーションをとるのが苦手な人は、パソコンに限らず、より人と関わらない場所に行こうとしがちなので、パソコンが悪いとは一概にはいえない。工夫次第では、パソコンを使ったさまざまなツールでのコミュニケーションができる。
>
> たとえば、自己開示するのが苦手な人でも、ブログやツイッターなどのツールで、社交的に活動している人は数多くいる。いままで疎遠だった友人とも再会するなど、積極的な交流の場として利用されている面は、しっかり取り上げられるべきである。
>
> したがって、パソコンは私たちの生活を豊かにしてくれると考える。

いかがですか。パソコンを利用することの社会的な問題を提起しながらも、その問題はパソコンそのものの問題ではないことを指摘し、本来の利点に迫っていくあたりが「論じる」展開です。論じるにあたっては、「本質」と「派生」などをしっかり区別して押さえることが大切です。

第13時限

一番の問題は、「世界大学ランキング」＝「学力ランキング」と単純に1つの指標で測っていると思い込んでしまうことです。

世界大学ランキングで、アメリカやイギリスなどの国がトップを占めている理由は、選考基準の中に、海外の教師や生徒の活用の項目があるからです。

東大は、教育環境や論文の引用数は世界でもトップレベルですが、外国人の教授や留学生の数（比率）は低く、さまざまな人種が集まるアメリカやイギリスなどにいまのところは勝てません。

というのも、日本の学校の多くは4月入学ですが、世界の学校の多くは9月入学なので、海外から教授や留学生が流入するケースは少ないわけです。

ですから、この問題を読んで「日本の教育レベルが下がっている」と悲観するのはナンセンスです。まず、「この世界大学ランキングの基準は何か？」、そして「誰がどこで調べているのか？」というところに意識を向けることが重要になります。そうしないと、事の本質を見失ってしまうでしょう。

大学ランキングで必ず上位に挙がってくるのは、ハーバード大学やマサチューセッツ工科大学、ケンブリッジ大学など、アメリカやイギリスの名門校です。

何となく聞いたことがあって、スゴそうなのはわかるけれども、常にトップを維持している理由の1つが、「多国籍国家」＝「外国人留学生・教師が多い」だとわかると、皆さん納得するでしょう。

単純に学力低下に目を向けていては、今後の教育方針や活動が失敗するのは目に見えています。どこに本質があるのか、どこに本当の課題があるのか、日々報道されるニュースから考え、調べる訓練をしておきましょう。こうした視点は受験だけでなく、社会生活においても必要で、さまざまな情報を正しく理解するうえで役立ちます。

もちろん、この問題にもなったニュースに東大も危機感を持っています。よりグローバルな環境になるように、海外学生や教師が入ってくるように、入試制度を世界基準に合わせようという動きも出てきています。

大学や高校などの入試問題も、どんどん変わってきています。そのたびに迷ってばかりいては、本当の意味で、学力も国際競争力も衰えてしまうでしょう。

そこから脱するためにも、またより豊かな社会を築いていくためにも、自分の視点で意味を考え、批判できる力を開拓してください。

第14時限

問題文では、歩幅や自分の部屋と玄関の位置関係などを特定していないので、答えは1つには決まりません。ここでは、模範解答として、「部屋から玄関まで約15歩で、最少は13歩・最多は16歩」になる例を説明します。

重要なのは、問題に対したときに、どのように思考を進めるかにあります。この問題では、全部の合計歩数を一気に考えると、おそらくかなり大きな誤差が出るはずです。自分にとって身近なことほど「当たり前」に考えがちなので、誤った結論に陥ってしまいます。こんなときほど、情報は入念に確認すべきです。

相手に説得力のある話をするには「流れ」が重要です。Aという話をして、次にBという話をして、最後にCという話をする。この順序がデタラメだと内容が伝わりません。この問題も同様で、まず自分の部屋があり、そこから出ると廊下があって、さらにリビングを通り、最後に玄関までの廊下がある、という具合です。

続いて、それぞれの部屋での歩幅の範囲を「最少歩数～最多歩数」と設定し、自分の部屋が3歩～5歩、リビングが5歩～8歩、玄関までの廊下が3歩～5

歩とイメージしたとしましょう。

では、先ほどの流れに沿って計算しましょう（自分の部屋→廊下→リビング→玄関までの廊下の順に足し算）。

最少歩数の合計値 = 3 + 5 + 3 = 11 歩
最多歩数の合計値 = 5 + 8 + 5 = 18 歩

しかし、「最少歩数が11歩で最多歩数は18歩」とするのは1つの答えかもしれませんが、ナンセンスです。すべての部屋で最少歩数または最多歩数になってしまうことはないでしょうから、最少歩数＋1、＋2程度を誤差として修正すると、かなり精度の高い予測値になります。

一度到達した結論に対して、誤差を想定することに気づかないことはよくあります。しかし、より「正しさ」に近づくためには、誤差の想定は必要です。ここでは、ある意味で、自身で導いた結論に対して「これでいいのか」という批判が行なわれたことになります。

このような視点は、自分で導いた結論だけでなく、さまざまな事象に対して必要なことです。「ぬかりはないか」という気の配り方は、さまざまな情報に触れるときに大切な批判力を育てます。

さて、ここでは最少歩数として 11 + 2 = 13 歩、最多歩数として 18 − 2 = 16 歩と修正しておきましょう。

つまり、この問題の場合は少なくても13歩、どんなに歩いても16歩と予想できます。そこから、約15歩と判断できます。

このように予想できたら、実際に歩いてみましょう。実際に歩いてみて自分の予想とどの程度ズレがありましたか？　思ったより多かったり少なかったりと、さまざまでしょう。

この検証作業が数学的なセンスを磨くためには大切です。考えたことを「考えっぱなし」では、その場限りのクイズに挑んだのと同じです。また、ある状況を設定して事実を確認する作業も、「正しさ」に近づくための批判力を支えてくれます。

この予想をもとに、さらに「家から最寄りの駅まで何歩か？」というように他の世界に視点を広げていくと、数学的センスが飛躍的に高まります。流れを意識することでイメージが明確化し、自分も相手も考えやすくなります。そうすると、どこが課題か発見しやすくなり、結果的に解決する行動が自然ととれ

るのです。

第15時限

模範解答は以下のとおりです。

「桃から生まれた桃太郎が、おじいさんとおばあさんに育てられ、きびだんごでお供にした犬・サル・キジとともに、鬼ヶ島へ鬼退治に行った話」

皆さんは答えを出すまでにどれくらい時間がかかりましたか？　10秒で終わった人も、30秒経ってもまだ足りない人もいたと思います。
ぴったり15秒だった人はおみごとです。ただし、うまくできたかどうかは問題ではありません。1回でできたとしても、よりわかりやすい言い方を模索していきましょう。
まず、桃太郎に出てくる単語を書いてみてください。

桃、おじいさん・おばあさん、鬼、刀、犬・サル・キジ、川、きびだんご、昔々、鬼ヶ島、宝、柴刈り、洗濯……。

次に、これらを次のように整理します。

話の前半に登場	話の中盤に登場	話の後半に登場
・桃 ・おじいさん・おばあさん ・川 ・昔々 ・柴刈り ・洗濯	・刀 ・犬・サル・キジ ・きびだんご	・鬼 ・鬼ヶ島 ・宝

それぞれの中で、重要度が高い2つを選択すると以下のようになります。

話の前半に登場	話の中盤に登場	話の後半に登場
・桃 ・おじいさん・おばあさん	・犬・サル・キジ ・きびだんご	・鬼 ・鬼ヶ島

これらをつなげて説明すると、模範解答のようなまとめ方ができます。

今回は15秒でしたので、あまり詳しいことは伝えられません。ですから、話を3つの流れに沿って端的に伝える必要があります。前半→中盤→後半という具合です。
　ここから少し余談です。実は、こちらのほうに批判力につながるテーマがひそんでいます。
　桃太郎の話は誰もが知っている共通認識な内容だと思います。けれども、もともとの桃太郎の話は実は違います。1700年代の桃太郎の誕生部分は以下のとおりです。

「川から流れて来た大きな桃を、おじいさんとおばあさんが食べると不思議なことに2人とも若返りました。そして若返った2人は愛し合い、2人の間に生まれた子どもに桃太郎と名づけました」

　つまりもともとは、桃太郎は桃から生まれたのではなく、おじいさんとおばあさんの子どもとして誕生したのです。常識で「桃から生まれた桃太郎」と決めつけていると、なかなか気づけない内容だと思います。
　誰もが当たり前だと思っていることこそ、自ら調べてみると新しい世界が見えてきます。その1つひとつの行動が、あなたの数学的センスを飛躍的に伸ばしてくれるのです。

おわりに

　皆さん、いかがだったでしょうか？

　本書は、数学が苦手な人も東大の数学入試問題を解くことによって、生きていくうえで一番重要な**「考える力」**を無理なく身につけられるように書きました。
　なぜなら、毎日何かしらの不安や悩みを抱えている皆さんに、"一筋の光"を見つけていただきたかったからです。
　考え出すと、人生の問題はいくらでも出てきて、つい後ろ向きの考えに陥ってしまいます。しかし、本書で紹介した、**「かしこく生きる人がどんなふうに考え、『むずかしい』を超えているか」**を知れば、世界の見え方は変わるはずです。

　いま、何をどう具体的に考えていけばいいのか。そのために、今日からできるトレーニングとして、ぜひ本書に繰り返しチャレンジしてみてください。
　そして、できない言い訳をする自分から卒業しましょう。この本が、そのヒントになれば、こんなにうれしいことはありません。

*

　私が本書にあるような、考える力が身につく数学を教えるようになったのは、高校生のときに**「人に教える習慣」**ができたからです。

　大学受験を控えた私は、地元の山口県下関市にある進学塾に通っ

ていました。ある日、塾の廊下を歩いていると、後ろから私を追いかけるように足音が近づいてきました。私の前で立ち止まったのは、ノートと参考書を抱えて目に涙を浮かべる後輩です。
　私は一瞬「何事か？」と思い、とまどっていると、「あ、あの〜……ここ、教えてください……」という、か細い声が聞こえてきました。
　いまでこそ私は"東大合格請負人"ですが、その頃は人に教えるのが大の苦手で、そう言われた後にすぐ目線をそらしてしまいました。

「どうしよう、どうしよう、どうしよう」

　軽くパニック状態です。ただ、その場から逃がれることはできません。その塾では、できる人ができない人に教えるスタイルをとっていたからです。
　結局、教えることになり、「声がうわずった、言い間違えた、下手な言い方だな……」などとへこみながらも、なんとか解き方を伝えきりました。
　ようやく息がつけて、安心した瞬間です。

「先輩、ありがとうございます。数学って案外おもしろいですね。また教えてください！」

　このひと言が、私の人生を大きく動かしてくれました。自分でも予想しなかった言葉だったので、「もう一度言って」と思わず言いそうになったほど、体中からうれしさがあふれました。

誰かに教えて喜んでもらうことが、これほど快感になるとは思いもしませんでした。

　そもそも、私が何か発言することを苦手にしたのは、小学校の授業で、クラスの出し物を決める話合いが始まりです。自信満々に自分の案を発表した後に、「時田、何言ってるかわかんね～」と隣に座っていた友だちが大声で言ったのです。それだけならまだしも、クラス中がその発言でクスクス笑い出しました。
　この出来事がトラウマとなり、私は人前で話したり、誰かに何か教えたりするのが嫌で嫌でたまらなくなりました。

　しかし、後輩の「ありがとうございます」の言葉で、私はトラウマから抜け出すことができたのです。
　それ以来、時間さえあれば人に数学を教えるようになりました。この教える時間こそが、私自身を「模試で数学全国１位」に導いてくれたのだと思います。そして、人に徹底的に教える私と同じ方法で、教え子も模試で数学全国１位になりました。

　もし皆さんがこの本を読んで、私のように何かのきっかけが得られたら、ぜひそれを活かしてみましょう。
　また、勉強に限らず、音楽やスポーツでも「むずかしい」といって最初からやるのをあきらめかけているものがあれば、ぜひ挑戦してみてください。
　いまはできなくても、「もう少し……もう少し……」と続けていくことで、大きく道が開けるかもしれません。
　その努力は、自分のためだけでなく、皆さんの大事な人たちに力

を与えられる糧となるはずです。

「誰かのために」が一番の力になります。

＊　＊

　最後になりましたが、本書を書くうえで何度も入念に打ち合わせをして、より読者の身になる内容にリードしてくださった日本実業出版社の江川隆裕さん、受験数学で終わらせずに社会人にも役立つ本にするための貴重なご意見をいただいたビジネス数学コンサルタントの深沢真太郎さん、他にもさまざまな人に支えていただいて本書を仕上げることができました。

　感謝の気持ちをこの場を借りて伝えたいと思います。誠にありがとうございました。

2015年3月

時田啓光

参考文献

『大学への数学増刊　入試の軌跡／東大』（東京出版）

『新日本史B』（山川出版社）

『数学女子 智香が教える 仕事で数字を使うって、こういうことです。』
深沢真太郎　著（日本実業出版社）

『東大現代文で思考力を鍛える』出口汪　著（大和書房）

『東大入試問題に隠されたメッセージを読み解く』大島保彦　著（産経新聞出版）

読者プレゼント

本書の読者の方への特典として、この本で取り上げなかった"授業"の動画をプレゼントします。下記のホームページをご覧ください。

第 16 時限
「大人も役立つ数字で語る裏ワザ」

| 東大　時田　書籍 | 検索 | |

http://www.gokakusha.com/book01.html

著者の直接体験授業の申込み・その他のお問い合わせは
こちらの E-mail アドレスで受け付けています。

book@gokakusha.com

※この動画のプレゼントは予告なく終了する場合があります。ご了承ください。

時田啓光（ときた　ひろみつ）

株式会社合格舎代表取締役。東大合格請負人。
1986年山口県生まれ。2011年京都大学大学院理学研究科修士課程（数学・数理解析専攻）修了。
大手予備校に所属することなく、口コミや教え子の紹介などによる草の根的な指導を通じて、延べ1200人以上を教えてきた。
偏差値35の高校生を1年2か月で東大現役合格へ導いた実績を持つ。14年12月には『中居正広のミになる図書館』（テレビ朝日系）で、自分の力で問題解決を図る独自の指導哲学が紹介され、大きな反響を呼んだ。
メディア出演のほか、全国の高等学校などで講演活動も行なっている。

東大の入試問題で「数学的センス」が身につく
2015年3月20日　初版発行
2016年2月1日　第3刷発行

著　者　時田啓光　©H.Tokita 2015
発行者　吉田啓二

発行所　株式会社 日本実業出版社　東京都文京区本郷3-2-12 〒113-0033
　　　　　　　　　　　　　　　　　大阪市北区西天満6-8-1 〒530-0047
　　　　編集部　☎03-3814-5651
　　　　営業部　☎03-3814-5161　振替　00170-1-25349
　　　　　　　　　　　　　　　　　http://www.njg.co.jp/
　　　　　　　　　　　　　　　印刷／厚徳社　　製本／共栄社

この本の内容についてのお問合せは、書面かFAX（03-3818-2723）にてお願い致します。
落丁・乱丁本は、送料小社負担にて、お取り替え致します。

ISBN 978-4-534-05266-7 Printed in JAPAN

日本実業出版社の数学の本

時代を超えて天才の頭脳に挑戦！
数学〈超絶〉難問

小野田博一
定価 本体1500円（税別）

アルキメデスの幾何、ライプニッツやベルヌーイも解けなかった問題など、"数学マニアの卵"やパズルファン向けの数学の難問が満載。

数学女子　智香が教える
仕事で数学を使うって、こういうことです。

深沢真太郎
定価 本体1400円（税別）

ビジネスシーンで役立つ数学的な考え方をストーリーで解説。平均から標準偏差、相関関数、グラフの見せ方まで楽しく身につけられる。

数IA・数IIB・数IIICが
この1冊でいっきにわかる
もう一度高校数学

高橋一雄
定価 本体2800円（税別）

「語りかける」ような丁寧な解説。「わかりやすい授業を受けている」ような感覚で「高校で学ぶ数学」が最短最速でマスターできる。

定価変更の場合はご了承ください。